丛书主编　中国老龄事业发展基金会

老去
并不可怕

伍小兰 李晶　著

广西师范大学出版社
·桂林·

丛 书 总 序

　　放眼全球，人类社会正经历着前所未有的老龄化进程。《世界人口展望（2019）》报告指出，2019 年世界 65 岁以上老年人口占比为 9.1%。这意味着全球总体上已经进入老龄化。根据联合国预测，到 2099 年，全球 192 个国家和地区的人口结构都将变成老年型。"银发浪潮" 正在深刻改变世界人口结构和原有的生产生活状况。

　　自 19 世纪 60 年代法国最早步入老龄化以来，发达国家一直领跑老龄化进程，20 世纪六七十年代，发达国家已全部进入老龄化行列。目前我国老龄化程度仍低于发达国家，但明显高于世界平均水平。截至 2021 年底，我国 60 岁以上老年人口达 2.67 亿，占总人口的 18.9%；65 岁以上人口超过 2 亿，占总人口的 14.2%。14.2% 的占比标志着我国已经由轻度老龄化进入中度老龄化阶段。未来15年，我国将进入老龄化急速发展期，预计到2025年，我国60岁以上老年人口将突破3亿，占比超过20%；2035年将突破4亿，占比超过30%，进入重度老龄化阶段。老龄问题涉及政治、经济、文化和社会生活等诸多领域，是关系国计民生和国家长治久安的重大社会问题，对经济运行全领域、社会建设各环节、社会文化多方面乃至国家综合实力和国际竞争力都具有深远影响。

党的十八大以来，以习近平同志为核心的党中央高度重视老龄工作，做出一系列决策部署，统筹推进老龄事业和产业发展。党的十九届五中全会将积极应对人口老龄化确定为国家战略。党的二十大报告指出，要"实施积极应对人口老龄化国家战略，发展养老事业和养老产业，优化孤寡老人服务，推动实现全体老年人享有基本养老服务"。《中共中央 国务院关于加强新时代老龄工作的意见》要求，将老龄事业发展纳入统筹推进"五位一体"总体布局和协调推进"四个全面"战略布局，把积极老龄观、健康老龄化理念融入经济社会发展全过程，加快建立健全相关政策体系和制度框架，大力弘扬中华民族孝亲敬老传统美德，促进老年人养老服务、健康服务、社会保障、社会参与、权益保障等统筹发展，推动老龄事业高质量发展，走出一条中国特色积极应对

2

人口老龄化道路。

　　中国老龄事业发展基金会是国家卫生健康委员会领导下的为老年人服务的全国性慈善组织。其主要任务是：认真贯彻党和国家积极应对人口老龄化的决策部署，弘扬中华民族敬老、爱老、助老的传统美德，争取海内外关心中国老龄事业的团体、人士的支持和帮助，协助政府积极推进中国老年社会福利、医疗卫生、文化体育、老年教育等各项事业的发展，维护老年人合法权益，帮天下儿女尽孝，替世上父母解难，为党和政府分忧。

　　为践行积极老龄观、健康老龄化理念，贯彻落实党和国家关于促进老年人社会参与，扩大老年教育资源供给，将老年教育纳入终身教育体系，构建老年友好型社会等精神，满足老年人越来越多的阅读需求，中国老龄事业发展基金会与广西师范大学出版社联合打造了这套《50岁开始的"你好人生"》丛书，旨在为更多的老年朋友营造书香生活氛围，提供实用有效的老年生活指南。本丛书以50岁以上人士为主要阅读对象，针对老年人日常生活各方面的需求，解决老年人的困惑，丰富老年人的生活，帮助老年人适应变化迅速的现代社会，让老年生活更为方便、多彩、有价值。

　　2022年首届全民阅读大会增设了"银龄阅读分论坛"，论坛指出，老年阅读是全民阅读的重要组成部分，是需要全社会重视、关心和引导的重要领域。满足老年人多样化、个性化的阅读，打造更多可读性、针对性、实用性强的出版物，中国老龄事业发展基金会愿为"书香银龄"的目标贡献绵薄之力。

中国老龄事业发展基金会

于建伟

前　言

　　随着国民平均寿命的延长和生活水平的提高，人口老龄化将成为一个普遍的社会现象。随着改革开放后第一批接受过高等教育的人群进入老年，老年人在精神文化生活方面的需求亟待解决。"老有所读"是"老有所养"的一个重要方面，是对老年精神生活的重要慰藉和填充。老年人在退休之后，会有更多的闲暇时间来充实自己的精神生活，有很多人甚至从年轻时就一直保持着阅读的习惯，以便在繁忙的工作中获得精神的放松和愉悦，更新自己的知识体系，活到老学到老。《50 岁开始的"你好人生"》丛书，以即将进入和已经进入老年的朋友们为主要读者，针对老年人日常生活各方面的需求，解决老年人精神和生活中的具体困惑，帮助老年人适应

1

变化迅速的现代社会，让老年生活更为方便、多彩，为老年朋友获得老年生活的幸福感出一份力。

《老去并不可怕》是写给老年人的心灵之书。老年，它就像我们人生中的其他年龄段一样，是一段独一无二的阶段。在这个阶段我们同样会遇到许多的"第一次"，如第一次退休、第一次面对第三代、第一次面临越来越多的身体和心理变化，等等。这些挑战，并不比年轻时的考试和工作容易，甚至更加艰巨。面对这些挑战，我们到底应该怎么办？这就是我们这本书将要回答的问题。书中提及的情况，大多发生在我们老年人的日常生活中，如家务的分配、第三代的养育、家庭矛盾的处理以及健康相关的情绪调节，等等。这些问题不但是每一个老年人正在面临的，也是每一个将要步入老年阶段的人将会面临的挑战。本书援引了部分专业的心理知识，通过通俗易懂、轻松诙谐的文体，结合身边活生生的事例以及相关研究成果，生动阐述了老年朋友退休后在各方面发生的变化以及一些可能面临的心理问题，剖析这些问题产生的原因并提供解决策略。

目 录

第一章

老去并不可怕——谈积极养老

长寿始终是人们祈求的人生目标。中华人民共和国成立以来，我们国家人均预期寿命从 35 岁增长到 78.2 岁，翻了一倍多，预计到 2030 年将达到 79 岁，我们已经迎来史无前例的普遍长寿时代。小病夺命成历史，长命百岁不稀奇，可以说，我们生活在一个从未有过的幸福时代，我们拥有更长的人生，有更多的时间与亲朋相伴，也有更多的时间做我们想做的事情。

　　"闲云潭影日悠悠，物换星移几度秋"，时光荏苒，我们难免感叹"活着活着就老了"。人人都会老，老去并不可怕，关键在于我们怎么看待老年生活，怎么度过老年生活。正如习近平总书记所言，要着力增强全社会积极应对人口老龄化的思想观念，要积极看待老龄社会，积极看待老年人和老年生活。老年是人的生命的重要阶段，是仍然可以有作为、有进步、有快乐的重要人生阶段。

一、怎么看待老年生活

（一）人生何时算老年

我国《老年人权益保障法》对老年人的法定年龄进行了明确规定，老年人是指 60 周岁以上的公民。为了保障老年人合法权益，弘扬中华民族敬老、养老、助老的美德，法律规定国家和社会应当采取措施，逐步改善，保障老年人生活、健康、安全以及参与社会发展的条件，实现老有所养、老有所医、老有所为、老有所学、老有所乐。不同国家老年人的年龄起点并不一样，一般发达国家和地区习惯上以 65 岁为老年人的年龄划分标准，发展中国家和地区则习惯上以 60 岁为老年人的年龄划分标准，这往往与其法定退休年龄是一致的。随着经济社会的发展和预期寿命的延长，可以预见，社会对于"老年"门槛的理解与界定并非一成不变。现在还有一种看法是，不用年龄来定义老年人，老年只是一种从寿命角度划分人群的方法而已。比如世界卫生组织最新提出一个说法：老年人就是年龄超过出生时平均期望寿命一半的人。既然这么多人都可以算老年人，那也就没有必要对老年人有太多陈旧观念和刻板印象，变老其实是一个自然而然而又充满多样可能性的过程。

对个人而言，年老的感觉通常是受多方面因素影响的，比如年龄、身体外貌、健康状态、社会角色和地位的变化等。也因此，很多超过社会对于"老年"门槛界定的人并不觉得自己是老年人，还有一些人虽然还没到这个门槛，却觉得自己已经是老年人了。美国一项关于年龄的调查显示，即便75岁以上的老人，也有相当多的人不觉得自己是老年人。可见对很多老年人来说，他们对于年龄的认知，只跟当下的处境和想法有关，而不在乎流逝的时间。当然，这和个体所处的社会和文化环境也是密切相关的，在一个崇尚年轻、崇尚效率的社会，人们往往更容易倾向于拒绝承认自己是老年人。

对我们中国人来说，年龄不仅是个时序概念，还融于人伦关系和日常生活中，诸如学习工作、婚丧嫁娶、生老病死。《礼记·曲礼》中说：人生十年曰幼，学。二十曰弱，冠。三十曰壮，有室。四十曰强，而仕。五十曰艾，服官政。六十曰耆，指使。七十曰老，而传。八十九十曰耄。百年曰期颐。以十岁为期，古人把人生划分为九个阶段，并且从中表达了一种人与时内外相和的生命观。也就是说，在不同生命周期，人的身心变化与其能承担的事情是相配合的，最终获得功德圆满的人生。故而，对于中国人来说，人到老年，人生的价值和智慧也在人生角色的完成中达到了高峰，将迎来幸福生活的新阶段。

年岁渐长的过程也是一个衰老的过程。从生物学角度看，衰老与分子及细胞的损伤的积累相关，随着时间的推进，这些损伤逐渐造成机体生理储备下降、诸多疾病风险升高以及内在的能力降低，并最终导致死亡。衰老的过程是逐步发生的，影响衰老的各种因素变化也很复杂，因而很难用年龄来表明衰老程度。典型的老年人并不存在，同样是 70 岁的老年人，有的思维敏捷、精力充沛，有的却步履蹒跚，生活难以自理。故而可以说，天增岁月人增寿，人的日历年龄是不断增加的，但是人的生理年龄、心理年龄、社会年龄却是可以调节的。人生何时才算老？不同的人有不同的感受和答案。

由于所处的健康状况和生活环境不同，老年人并不是一个同质的群体，而是具有很大的多样性和差异性，因而不能把老年与依赖、衰败画上等号。最为重要的是，不管处于什么状态，老年人自己不要对老年抱有负面或消极的态度，这不利于身心健康。研究表明，老年人如果觉得自己是个负担，便可能认为自己的生命也不再那么有价值，由此可能面临抑郁症和社会孤立的危险。对自己的衰老持有消极态度的老年人与持有积极态度的老年人相比，疾病恢复情况欠佳并且平均寿命更短。

（二）人生最美夕阳红

长幼有序、敬老崇文、尊老孝亲在中国传统文化中占有重要地位。这种敬老尊老的传统一直延续到了现在，如重阳节已经成为我国的法定老年节，寄托着人们对老人健康长寿的祝福。"最美不过夕阳红，温馨又从容，夕阳是晚开的花，夕阳是陈年的酒"，一直温暖和激荡着世人的心。

自古以来人们便看到智慧与年长的共生关系。说起老年人，我们头脑中会不由地浮现出很多智慧而有远见的长者形象，比如神话故事当中的寿星、月下老人、土地公公，历史记载中的彭祖、老子、姜子牙、愚公等。老年人的视力、体力、反应速度当然不能与年轻时相提并论，但是基于直觉的认知过程是相对保持稳定甚至有所加强的，自我认知、自我管理技能、社会化成长和情感发展通常也随着年龄而增强，这些都体现了经由岁月磨砺、经年累积的智慧。当然，智慧不会随年龄自动增长，我们要发挥主观能动性，注意保持开放的心态和自我反思的意识，积极追求智慧的发展。而这正是我们每一个人可以毕生努力的方向，老年人完全可以通过不断的学习和感悟，展现成长的智慧，获得安详的心灵，在增强自身幸福感的同时，赢得他人的尊重。我们的社会也可以多开展"智慧代际传递活动"，在促进和激发老年人智能的同时，也为年轻人提供智慧的榜样来促进他们的人生发展。

老年阶段的幸福感往往更强，生活满意度更高。很多人可能会认为老年人的主观幸福感明显低于年轻人，因为衰老似乎是一个不断丧失的过程，失去健康，失去亲人，失去原有的社会地位和角色等。然而，各国的许多研究都表明，当人们进入老年期，生活满意度和主观幸福感都将保持稳定，甚至是增强。有研究发现，在整个生命周期，主观幸福感、主观生活满意度与年龄变化呈现一个显著的"U"型曲线关系，也即曲线的两端分别是 20 岁左右和 80 岁左右的群体，是主观幸福感和生活满意度最高的群体，而中间的最低点处于 30 岁到 50 岁之间。这提示我们，或许年纪越大，反而会更快乐！因为面对这些变化和损失，老年人并不总是被动的，而是常常会主动去适应，相应地选择更有意义的生活目标及活动，拥有更超然的人生态度，并且通过练习和辅助设备加强或补偿他们现存的能力，尽可能维持原有的生活质量。

　　很多老年人通过一生积累的财富或投资而获得独立的经济保障。全球范围内的调查表明，与预期相反，在很多国家，现金都是从年长的家庭成员流动到年轻的家庭成员手中，一直到他们八十几岁仍是如此。在中国何尝不是如此，很多老年人一生勤俭持家，积蓄都花在了子女上学、结婚、购房上，他们帮助子女们顺利步入人生轨道，帮助子女们成家立业。

　　老年人以多种方式为家庭、社会做出贡献，发挥着独特的价值。国人常说"家有一老，如有一宝"。老年人是家庭的吸铁石，只要还有老人在，不管离家多远，逢年过节兄弟姐妹们都会往家赶，在忙碌的生活中享受难得的家庭团聚时光。老年人还是晚辈身边的主心骨，家里的长辈往往给家庭的安定和谐带来积极的作用。老年人许多有价值的贡献都无法以经济尺度来衡量，他们帮忙照顾子女和孙辈，缓解了年轻人工作和育儿的后顾之忧，这其实也是对社会的巨大贡献。"家安方国宁"，老年人这些无薪酬的家务劳动，以及他们所参与的社区志愿服务工作，不仅是对家庭发展的贡献，也是对社会发展的贡献。我们还可以看到，随着年轻劳动力不断流向城市，农村老年人在农业生产领域占有重要地位，对于保障国家的粮食安全是至关重要的。

正如前面所强调的，健康是许多生理、心理以及社会因素综合作用的结果，典型的老年人并不存在。因而，我们绝不能把老年等同于脆弱和脱离社会。但是确实有很多老年人，特别是到了高龄以后，年老多病甚至失能失智，需要他人的照顾和社会的帮助。"老得好"并不意味着延续青壮年时的生命状态，也不意味着年老了也要始终健康和活跃，关键在于用积极的心态和行动来迎接自然衰老，延缓自然衰老，减少病理衰老，尽可能长地维持现实的生活能力，在面对逆境和坎坷时，具有一定的身体复原力和心理韧性。有一句话说，老人是对老年一无所知的孩子，这当然有一定道理。老年路段的沿途风景自然与童年、少年、青年、中年都不同，但它们并不是彼此毫无关联、完全割裂的，更何况我们都是善于观察、学习和思考的。如何认识衰老，如何面对老年生活，如何过有作为、有进步、有快乐的老年生活，前人的人生智慧和现在的科学研究都是能够为我们提供指引和启示的。面对老年的到来，我们或许会心生忐忑，但不必恐惧。

二、如何度过老年生活

（一）树立积极老龄化理念，拥抱老年生活

老年是我们生命历程的一部分，没有衰老的人生是不完整的。我们每一个人都应该学会正确看待衰老，正视生命的每个阶段都有独特而平等的价值与美好，以积极心态拥抱老年。我们不妨从恐老惧老到安然享老，让老年成为我们一生中最有收获的一段时光。诸多研究已经表明，持有积极老化态度的人幸福感更高，身体更健康，同时也拥有更大的社会支持网络。

关于如何度过老年生活，我国传统文化中蕴含着许多富有启发的理念和智慧，筑牢了中华民族步入长寿时代后的精神底气。老年期开始周游列国的孔子曾这么描述自己："其为人也，发愤忘食，乐以忘忧，不知老之将至云尔。"这是孔子对其"三忘"精神的概括和说

明，所谓"三忘"精神，即"发愤忘食"的勤奋精神、"乐以忘忧"的快乐精神和"不知老之将至"的不老精神。三国时的曹操说"老骥伏枥，志在千里；烈士暮年，壮心不已"，体现的也是一种超越年龄和衰老的精神境界。他还接着说"盈缩之期，不但在天；养怡之福，可得永年"，体现出辩证的积极养生思想。在自然规律面前，人并非完全无能为力，如果经常注意保养，是可以延年益寿的。当然这里所说的"养怡之福"，并不是消极养老，而是积极养老，不因年暮而消沉，始终保持良好的精神状态。正如笔者所认识的一位长辈所言"养老养老越养越老；干活干活越干越活"。这也提示我们，新时代孝亲敬老，并不只是照顾和优待老年人，我们更应该以社会主义核心价值观为引领，弘扬我们中华民族的优秀传统文化，在全社会重塑"老"和"老年人"的价值与社会意涵，尊重老年人的主体性、能动性和自主性，真正实现不分年龄，共同发展。

面对老年，我们要树立积极老龄观，做好终身学习、终身发展的准备和规划。其实这不是什么新鲜事，我们的先哲早就这么做了。中国最早的人生规划师应该是两千多年前的孔子，他曾经这么表达他的毕生发展观："吾十有五而志于学，三十而立，四十而不惑，五十而知天命，六十而耳顺，七十而从心所欲，不逾矩。"意思就是说，我十五岁时，立志向学；三十岁时，学有所立；四十岁时，心中通达而不再疑惑；五十岁时，能够知晓天命；六十岁时，听到别人所说的话就可通达其心意；七十岁时，即便随心所欲也不会逾越规矩法度。现在，我们普遍都能活到八十多岁，人生百年已不是梦，我们更应向先贤学习，在漫长的岁月中不断提升生命境界，走过长寿而幸福的一生。

从更为现实的角度来看，在寿命不断延长的预期下，为了维持一定的老年生活质量，我们无疑需要更丰厚的物质和精神上的多重储备，以及更加灵活多样的人生安排，这也就要求我们在整个人生中都要保持学习、参与、发展的心态和能力，以获得更好的终生财务保障，并拥有必要的人际关系、社会支持和参与度。

对老年人来说，最重要的是：敢学习，不怕慢！人们常说科技让生活更美好，但是一下子要跟上这些眼花缭乱的数字技术和科技产品的发展步伐，对于大多数受教育程度不是很高、年轻时也没有接触过这些技术和产品的老年人来说，确实是很有挑战性的。而且受生理机能自然退化的影响，如果缺乏友好的技术使用环境，会进一步增加其心理上的抵触情绪。然而笼统地认为老年人健忘、学习和决策能力低，这其实是与老年人的实际情况不相符合的。一项在美国开展的对记忆表现的研究结果显示，60—75岁的老人与17—24岁的年轻人相比，鼓励参与者学习和鼓励其记忆这两种实验的结果并没有实际的差别。活到老，学到老，只要有信心有耐心，对学习新事物保有积极看法，不管什么年龄都能不断获取新的知识和技能，让我们的生活更美好。当然这需要家庭和社会多为老年人提供必要帮助和支持，激发他们学习的兴趣，增加他们学习的机会。

（二）健康老年，老了不等于病了

人类认识到人口老龄化和长寿时代的到来是在第二

次世界大战以后，当时大家普遍的看法是比较悲观的，认为"逢老必衰，逢老必病"，人口老龄化会给社会带来沉重的负担。但到 20 世纪 90 年代，国际社会对健康与老龄化的认识已经取得显著进展。大家普遍认为衰老是可以延缓的，疾病是可以预防的。

当然衰老会引起身体上很多渐进而广泛的功能损伤，而且会增加老年人罹患疾病和死亡的风险。但是老化并不是一个病理状态，当然对一般人来说，很难分清哪些是正常衰老对功能造成的影响。总的来说，随着年龄的增加，多数人会有正常的生理改变，症状轻微的话就可以把它当作是正常的衰老，并学会与之和平共处。北京医院院长王建业教授就说，老年人的很多"病"其实不是病，就是老了而已。如果一个老年人追求和年轻人一样的体检数据，既为难自己，也没有必要。即使检查指标不符合正常值，但合理用药控制后可以维持在正常水平，通过治疗能像正常人一样生活，那就是健康老人。

或许应该更新的是我们的健康观念！什么是健康，

健康不等于不生病，生病了也不等于不健康。很多老年人可能会患有一种或多种疾病，这些疾病在控制良好的情况下对他们的日常生活和功能发挥的实际影响并不大。对于我们老年人来说，我们不应只是有病治病，而是要行动在前，更多地学会预防疾病、管理健康，着力增强和维护我们的体力和脑力，善于改变环境使之适合我们的能力状况，同时提高环境适应能力和现实生活能力。

我们每个人都是健康的第一负责人，每个人都应终身践行良好的生活方式。老年阶段最主要的疾病负担来自非传染性疾病，而高脂、高糖和高盐等不健康饮食结构以及缺乏身体活动则是导致非传染性疾病的危险因素。目前，中国80%以上的死亡是由非传染性疾病造成的。每年非传染性疾病导致约860万人死亡。令人担心的是，由非传染性疾病导致的死亡中有约三分之一为过早死亡，也就是说有约300万人死于70岁以前。而为了避免这种不好的结果，则需选择更健康的生活方式，包括保持健康的饮食、充足的锻炼、不过度饮酒，当然还有不吸烟。世界卫生组织针对影响现代人健康的不良行为与生活方式，提出了"健康四大基石"概念，即合理膳食、科学运动、戒烟限酒、心理平衡。根据《健康中国行动（2019—2030）》的建议，老年人可以着重从以下几个方面做好健康管理，当好自身健康的"守门人"，主动维护好内在能力，尽可能维持正常生活，去想去的地方，做自己想做的事。

加强体育锻炼。"生命在于运动"不是说说而已，而是真的能延长寿命。一项针对大量纵向研究进行的汇总分析发现，每周进行150分钟中等强度身体活动的人比那些每周进行少量活动的人死亡率低31%，这在60岁以上的老年人中效果最明显。对老年人来说，体育活动还有很多其他好处，包括改善身心状况，减少焦虑和抑郁，提高自信心；预防疾病，比如说降低患冠心病、糖尿病和中风等疾病的风险；扩大社会交往和参与面。身体活动对于维持老年人内在能力和活动能力也是十分重要的，因为肌肉量下降、灵活性降低、协调性和平衡性差等问题都可能使活动变得更加困难。当老年人活动受限时，无疑容易使人产生消极情绪，身体和与人交往的状况都会受到影响。

然而还是有相当一部分老年人的体力活动量尚达不到基本的标准，因此，老年人要特别注意选择与自身体质和健康状况相适应的运动方式，量力而行地进行体育锻炼。在重视有氧运动的同时，还要重视肌肉力量练习和柔韧性锻炼，适当进行平衡能力锻炼，强健骨骼肌肉系统，预防跌倒。

注意改善营养状况。人们往往更容易关注到成长中的小孩营养够不够的问题，但是老年人同样也有营养不良的风险。一些老年人面临着不想吃、吃不好等问题。比如味觉或嗅觉的下降带来食欲的降低，牙齿不好造成咀嚼困难，或者身体原因造成做饭困难，还有大量老年人存在不会吃或不注意吃的问题。所以要维持良好的健康状态和内在能力，就需要主动学习老年人膳食知识，有意识地预防营养缺乏，延缓肌肉衰减和骨质疏松。要保证食物摄入量充足，吃足量的鱼、虾、瘦肉、鸡蛋、牛奶、大豆及豆制品，并多晒太阳，适量运动。虽然人们常说"千金难买老来瘦"，但是老年人其实不是越瘦越好，老年人的体重指数（BMI）处于全人群正常值偏高的一侧为宜。

做好慢病管理。患有慢性病的老年人应配合医生积极治疗，主动向医生咨询慢性病自我管理的知识、技能，并在医生的指导下，做好自我管理，延缓病情进展，减少并发症，学习并运用中医饮食调养知识，改善生活质量。生病时应及时就医，在医生指导下用药。应主动监测用药情况，记录用药后的主观感受和不良反应，复诊时及时向医生反馈。老年人要注意参加定期体检，经常监测呼吸、脉搏、血压、大小便情况，发现异常情况及时做好记录，必要时就诊。

促进精神健康。要明白老年是生命的一个过程，坦然面对老年生活中身体和环境的变化。要多运动、多用脑、多参与社会交往，通过健康的生活方式延缓衰老、预防精神障碍和心理行为问题。要多了解老年痴呆症等疾病的有关知识，发现可疑症状及时到专业机构检查，做到早发现、早诊断、早治疗。有很多人错误地认为痴呆症是正常老龄化的表现，其实并不是。美国有一项非常有名的针对阿尔茨海默病的"修女研究"，里面有很多具有启发性的案例，110 岁的马丝拉修女高中毕业前没有认知症的症状，死后的大脑解剖也没有发现阿尔茨海默病或中风的病理变化，可见阿尔茨海默病不是老年的必然现象。研究者还发现了一些能够延缓衰老，防治阿尔茨海默病的方法：坚持规律的运动、保持乐观的心态有助于防止衰老；接受高等教育、从事脑力劳动有助于保持大脑健康；服用适量叶酸，防止中风和头部受伤能够有效预防阿尔茨海默病。

营造适老居家环境。老年人的身体状况、生活习惯、家庭结构不尽相同，但他们对居家环境的需求是相似的。首先，希望"家"是安全的，尽可能避免跌倒、烫伤、磕碰等居家伤害；其次，希望"家"是便捷的，空间结构符合生活习惯，常用物品取用方便；最后，希望"家"是舒适的，冬暖夏凉、干净整洁，还有足够的光照。随着年龄的增长，我们需要树立适老宜居的理念，从小处着眼，注意改善居家环境，比如，保障足够的照明亮度，对地面采取防滑措施并保持干燥，在水池旁、马桶旁、浴室里安装扶手，避免跌倒。

特别需要注意的是，老年期的健康问题，是生命周期各个阶段的健康问题不断积累而成的，无论是个体健康还是群体健康，健康老龄化所着眼的是对健康长期的、全面的干预和促进。虽然很多老年人最终都会面临众多的健康问题，但是年老并不意味着无法独立。所有人都可以从现在做起，从自己做起，从家庭做起，努力提高健康素养，通过健康的生活方式，改善自身健康状态，改善家庭成员健康状态。越早开始，越早受益。

（三）幸福老年，过好百岁人生

西方哲学家维特根斯坦临终前说："告诉他们，我度过了幸福的一生。"在人的一生中，幸福的重要性不言而喻。人活一辈子，最终追求的是幸福。研究表明，平均而言，人们的总体幸福水平有50%是由遗传决定的，环境影响占10%，剩下的40%则处于人们的控制之下，也就是说取决于我们自己。因此，幸福是可以追求的，我们仍然掌握着相当大的主动权。人们的心理状态会随增龄而发生变化，老年人的焦虑情绪随增龄有所下降，而抑郁情绪则有所上升。我们能做的就是注意保持社会连接和互动。人与人之间的联系会产生情感刺激，这是一种自动的情绪助推器，而孤独则是一种情绪的破坏者。特别是要多和快乐的人联系，快乐情绪是可以传染的！快乐往往让我们感觉更幸福也更健康。

知名心理学家喻丰曾经给出了一个幸福的公式"幸福＝满足＋快乐＋意义"。我们不要忘了，幸福的秘方中除了满足和快乐，还有更高一层的意义，没有意义的满足和快乐带给我们的是麻木、空虚，而非幸福。那意义来自哪里？来自我们的人生信念和生命情感，也就是能否安身立命、心安理得。现在有很多值得深思的社会问题，是"老人变坏"还是"坏人变老"成为人们茶余饭后的谈资。以后我们的寿命越来越长，老年生活也越来越长，如果想老有所尊、老而幸福，就要更多地关注精神、心灵和生命情感问题，启善端，致良知，求心安。当下对我们每一个公民来说，不管处于什么阶层，不管到了什么年龄，爱国、敬业、诚信、友善都是最基本的人生价值要求。爱国以兴邦，敬业以成事；诚信以立身，友善以福人。

"亲亲而仁民，仁民而爱物"表明了亲人之爱对于中国人的重要性，构成了个人意义世界展开的基础。对于中国人来说，我们的生命意义是根植于家庭的。复旦大学哲学学院王德峰教授给我们举了一个例子：你这一生充满意义的缘故是什么？你在社会生活的舞台上可能获得成功了，那么你最想让谁知道？假如你处于婚姻关系中，你就要让妻子或丈夫有幸福感；若你有儿女，你就要让你的孩子有光荣感，有未来光明的人生道路。在这些关系中，我们才能感受到我们人生的成功以及这种成功的价值。离开这些关系说个人的成功，是没有意义的。因此，人生百年，活在哪里？要活在亲情中、爱情中、友情中。这样的老去并不可怕，即使身体日渐衰弱，我们的内心也始终是温暖和幸福的，亲情、爱情和友情值得我们用一生去珍惜和爱护。

西方学者提出了超越老化的观点，强调心灵追求、智慧、睿智。当进入超越老化阶段，老年人将变得更加成熟而且充满智慧，不会过于在意生理改变，对外在物质的需求也逐渐转化为内在心灵的追求，更加注重追求生命的意义。在社会快速变迁和发展中步入长寿时代的中国人是幸运的，因为追求人生的意义和智慧，关注生命的幸福感，正是我们传统文化的优点。儒家重德行和担当，《论语》中所说的"志于道，据于德，依于仁，游于艺"，就是一个非常形象的"幸福老龄化"的人生指引。在老去的过程中不断提升生命境界，快乐而又心安，这不就是有作为、有进步、有快乐的老年生活吗，多么让人向往！而道家和佛家的智慧，能帮助我们想开、放下，更好地调节情绪、排解烦恼，让我们即使身处逆境，依然能保持达观精神与盎然的生活情趣。

仁者寿，勤者寿，乐者寿，智者寿。有知识不代表有智慧，智商高也不代表智慧高。所以从某种意义上说，面对生命，我们每一个人都是平等的，我们都可以通过增长智慧寻求安心立命，获得生命幸福感。物质的占有，财富的增长，超过一定阈值后，并不总是能带来幸福。而智慧则不然，一个人智慧越多，烦恼就越少，自然也就越幸福。面对百岁人生，养老更需养心。幸福就是有意义的满足、有意义的快乐，这种有意义就体现在主动树立积极老龄观，主动增强自尊、自立、自强、自爱的意识，为了健康老龄化、积极老龄化、幸福老龄化去思考，去准备，去努力。

　　当然除了个人的努力之外，幸福的老年生活离不开家庭，也离不开社会。在人口老龄化背景下，我国一方面正在积极开展人口老龄化国情教育，广泛宣传积极老龄观，推动全社会关心关爱老年人，增强接纳、尊重、帮助老年人的关爱意识，鼓励老年人增强自尊、自立、自强的自爱意识。另一方面则着手完善老龄政策体系，从多个方面加快健全社会保障体系、养老服务体系、健康支撑体系，加大家庭养老政策支持力度，建设老年友好型社会，让老年人更有获得感、幸福感、安全感。

　　老去并不可怕，幸福就在脚下。让我们一起向未来，让老年生活有作为、有进步、有快乐！

第二章

如何面对社会角色的转变
——谈退休

这一部分，我们要从"角色"讲起。大家可能对于"角色"并不陌生，因为"角色"就来源于我们通常所说的舞台演员，他们会按照剧本来扮演某一特定人物。人们越来越发现，我们所生活的现实世界和戏剧舞台之间有着某种联系和相似性，舞台上的戏剧就像我们社会的缩影。因此，"角色"这个概念就被引入了社会心理学。虽然我们不是演员，但是我们每个人在社会中都扮演着不同的角色，如司机、教师、工人和管理人员等，每一个角色都会有不同的"剧本"，而观众也会对不同的角色有不同的期待。不管我们扮演着何种社会角色，当我们尽己所能为身边的人或者社会做出一定的贡献时，这种社会角色就会带给我们许多成就感和满足感。

　　随着年龄的不断增长，我们扮演的社会角色也在发生变化。有些变化在我们的职业范围之内，因此并不会对我们的情绪和状态有太大的影响，但是有些变化会直接改变我们现有的社会角色，比如退休。它让我们直接进入了一种全新的角色。这种转折可能会给我们带来很大的压力，让我们很难适应。

一、如何正确看待退休

退休，是指根据国家有关规定，劳动者因年老或因工、因病致残，完全丧失劳动能力（或部分丧失劳动能力）而退出工作岗位。我国人口基数大，随着老龄化速度的加快，我国也将面临巨大的退休潮。退休群体是社会群体的重要组成部分，正确地认识退休、乐观地看待退休，以及积极地应对退休，不仅能够改善我国退休人员这一庞大群体的心理和生理上的不良反应，对于构建和谐家庭、营造活力社会也能发挥重要的作用。

（一）退休是世界各国通行做法

目前世界上各个国家都有各自的退休年龄和退休政策。虽然内容和要求不尽相同，但是在大家都要"退休"这一点上是一致的。因此要首先认识到退休现象的客观性、必要性和普遍性，这样才能消除"退休事件"本身的年龄和社会歧视色彩。

我们的阅历和智慧会随着增龄而不断积蓄增长，但是身体状况却有它自己的规律。虽然"老了不等于病了"，很多老年人在高龄时仍然保持着较好的健康状况，但是有些生理规律的变化是自然而然、潜移默化发生的。它让我们不能像年轻时那样"耳聪目明""思维敏捷"，虽然我们可能还身体健康，但是在许多问题的反应速度和记忆力上都大不如前了。尽管仍然能够对生活中的事情应付自如，但是却不能够更好地适应和完成现在所从事的工作了。由于工作种类和性质的不同（脑力或体力），我们离开工作岗位的时间上可能存在先后的差异，但是这一过程对每一个人都是一样的，也都是正常的，我们可能不能够再胜任目前的工作，但是并不代表不能"发挥余热"。因此我们要客观、理智甚至是积极地看待"退休"这件事本身，因为它在结束一段我们人生经历的同时，也开启了一段新的旅程。

（二）退休体现了国家和社会对老年人的关爱

正如上面提到的，我们最终走向"退休"是由于生理功能的自然衰退。一方面，我们对所做的工作越发力不从心了；另一方面，一些生理状况的改变会增加我们在工作中受伤的概率。当然，这里所说的"伤"并不仅仅是身体上的创伤，还有竞争和压力带来的对我们精神和情绪的"伤害"。那么，从这个角度来看，"退休"本身，实际上是对于老年群体的一种保护和关爱。这种保护和关爱，甚至是一种肯定和支持，是对其前半生所产生的社会价值的肯定和回馈，以及对其后半生的追求和自我实现的支持和帮助。对老年人本身来说，这种肯定和支持主要表现在生理和心理两个方面，而每个方面都包含减少消极作用和促进积极作用两部分内容。

在生理层面，退休的优势主要表现在我们前面提到的对中老年身体健康状况的关注上。我们都知道退休之所以是一种普遍的规则，是因为它在一定程度上符合了当前人类发展的自然规律。随着年龄的增长，随着器官功能的衰退和躯体疾病的增加，我们每个人都无可避免地会因为健康和能力原因从工作岗位上退出，尤其是对于从事体力劳动的人来讲，退休更是一种保护和照顾。

在心理层面，首先从减少消极作用的角度来看，临退休人员随着年龄的增大和适应能力的降低，在工作的效率、灵活性，以及对新事物的接受程度上都要逊于年轻员工，而退休避免了由此带来的工作中的压力、竞争和应激，这些问题不但会影响老年人的情绪健康，时间长了，还会导致一系列身体上的症状甚至疾病的产生。从促进积极作用的方面来看，退休给了老年人再一次选择的机会，给了老年人角色转换的可能性，给了老年群体实现个人需要的前提。这里的个人需要，主要是从实现人生愿望和个人价值的角度来说的。我们知道，人生中有许多关键性节点，我们在这些关键性节点所做的选择会起到影响一生的作用，如就业和结婚，还有就是我们这里说的"退休"。很多人会觉得退休是一件非常被动又无奈的事情，我们面对"退休"的时候，也许只能消极接受，没有主动选择的权利。那么，为什么会将其上升到影响一生的地位呢？

　　随着人均预期寿命的延长，不少退休后的老人能够在健康状况相对良好的前提下，拥有一段相当长的闲适生涯，其长度甚至与我们年轻时的工作时间相等。退休给了我们再次调整、重新进行选择的机会，我们不是选择是否退休，而是选择退休后自己要过什么样的生活，要追求什么。这对于我们后半生的定位和幸福具有非常重要的意义。也许年轻时从事了并不十分称心的工作，也许自己的很多喜好在年轻时的生活中被搁置，也许自己有许多儿时的梦想尚未实现，而退休提供了再次为自己的生活和愿望做出选择的时机。有许多人以再就业的方式，在自己力所能及的范围内，再次投入自己喜爱但是年轻时没有机会从事的事业当中。那些年轻时没有时间、没有机会去实现的小想法、小创意、小愿望，甚至是小冒险，都能够以另一种形式在我们的后半生中生根发芽，带给我们更加丰富的人生体验，以及更加全方位的个人需求的实现。而这些来自"退休"的馈赠，正反映了我们的最高层次的需要，也就是自我实现的需要。

（三）退休在一定程度上满足了家庭的需求

"十四五"是我国人口结构转变的关键时期，为了促进人口长期均衡的发展，国家发布了《中共中央国务院关于优化生育政策促进人口长期均衡发展的决定》，提出要实施三孩生育政策及配套支持措施，这也是积极应对人口老龄化的国家战略措施。特殊的国情决定了我们需要转变对退休人群的认识，重新审视其对于家庭和社会的巨大价值。我国老年学开拓者邬沧萍教授认为老年的价值具有无形的、有形的，经济的、文化的，以及家庭的和社会的等多重性。从目前的形势来看，退休更是一种满足大家庭需求的必然。

"隔代抚养"在我国是一种较为普遍的现象，这一点是由我国的社会经济特点决定的。退休后的长辈，成为解决孙辈抚养问题的重要责任人，而这一责任主要是由亲缘选择和社会文化共同决定的。尤其是在我国颁布开放二胎、三胎的政策之后，以青年人为主的核心家庭对父母辈提供的"隔代抚养"产生了巨大的需求。而这一需求不仅仅表现在家庭和照护的具体事务上，同时也表现在对老一辈的文化精神的传承上。这一无形的道德和文化价值的传承，对于营造和谐家庭，甚至是推动社会文明发展具有十分重要的作用。因此，退休能满足家庭、社会乃至国家的需求，也是老年人价值的又一体现。

二、退休是"换一个舞台"

"退休"这一话题，会让许多临退休的老年人，甚至是已经退休的老年人"谈虎色变"。面对从事了几十年的工作，我们早已形成了"朝九晚五"的生活模式和行为习惯，这种固定的模式在一夜之间发生变化，的确会让我们每个人难以适应和接受。那么，如果将退休视为角色的转变，而非角色的退出，可能对于许多老年人来说，就没有那么难以接受了。的确，我们的角色会在短时间内发生巨大的转变，但是这并不意味着我们不被需要了，而是随着角色的转变，我们的"舞台"发生了转移，我们的责任和担当也发生了变化。从一个舞台切换到另一个舞台，并且在另一个舞台中发挥着更重要的作用。所以，如果我们转换自己的角度，以积极的心态来"扮演"好新的角色，那么我们同样会在新的舞台上赢得自己和他人的尊重与认可。

（一）从工作向家庭回归

　　退休带来的最直接的角色转换可能就是从社会职业角色中退出，转而进入了"柴米油盐"的主战场。但是这一转变对不同性别，以及不同社会角色的人群的影响是不一样的。许多女性可能并不会觉得很难适应，因为从社会文化和性别角色的特点来看，女性仍然是"家庭工作"的主要承担人，即使是在工作阶段，也会同时扮演重要的家庭角色，很多女性会在尽可能的情况下做到"工作家庭两不误"。因此，退休对于许多女性来说，在工作和生活的内容上存在一定程度的延续，并不会带来过于陡然的转折，从而引起剧烈的情绪起伏。当然，我们这里所说的是大多数情况，也会有许多女性在工作中承担了重要的角色，退休后面临着重大的生活转变，退休对她们来说是一个非常严峻的问题。"许多之前共同工作奋斗的同事现在也不再联系了""之前逢年过节都会有单位同事慰问，现在也冷冷清清无人问津""之前能够为单位出谋划策、排忧解难，现在却无处诉说、无足轻重"……社交圈的缩小和职业角色的消失，可能都会让我们产生"自己没用了""没人记得了"以及"不被需要了"的挫败感，导致巨大的心理落差。

的确，我们从职业的角色中退出了，但是我们并没有从人生的舞台上退出。在不同的时期，我们在不同的舞台上扮演着不同的角色。退休，就意味着我们从职业角色转向家庭角色，随着舞台的转移，我们的工作内容和责任改变了，但是仍然发挥着重要的作用。随着我国人口老龄化的加快，退休人口占总人口的比重会越来越大，退休人群将成为社会人群中的重要部分，对社会乃至国家的发展都具有重要的影响。因此，我们要以积极的心态来面对我们的角色转变。首先，退休所带来的角色转变并不是不可逆的。有许多仍保有职业追求甚至是职业乐趣的老年人，在退休后又再次通过不同的形式返回职业的舞台，发挥他们的余热、利用他们的专长，从事着咨询、顾问、辅导员等工作，甚至是志愿者的工作，践行了他们"退而不休、老有所为"的追求。这些工作为社会正常高效的运行提供了重要的保障和支撑。另外，即使我们选择了回归家庭角色，我们仍然背负着重要的责任。随着"三胎"政策的开放，越来越多的祖父母辈在家庭中承担起重要的抚育者角色，这一角色一方面保证了子辈能够正常地投入社会工作中，另一方面在文化传承和家风传递上也发挥了关键性的作用。

（二）从主角变成配角

作为家庭经济支柱的父母辈一旦离开了工作岗位，收入会明显减少，加之子女在事业和经济上的稳固，更加动摇了父母在家庭中的地位。从原来是家庭中"一言九鼎"的"顶梁柱"，转而进入了以儿女为主的家庭生活中，成为其中的参与者而非决策者。这样的转变虽然是不可避免的，但是会让我们感觉到主体感和权威感的丧失，很多事情变得力不从心，也由不得自己做主了。在很多父母和儿女共同生活的家庭中，每天家里人的饮食起居，甚至是老年人的生活安排都由儿女说了算，这不但使老年人丧失了生活主动权，也使其丧失了自我的选择权。

虽然老人们退出了职业的主战场，在家庭中担任"配角"，但是我相信许多年轻人都能体会到，父母辈担任的这一"配角"绝不是消极和负面的代名词，更不是可有可无的，而是对主角的一种成全和支撑。而作为父母辈，我们就更要以积极的心态和角度来看待这一角色的转变，因为你会发现这其实可以是我们自我价值的又一体现。很多刚退休的"年轻老年人"其实并不存在依赖子女的状况，甚至在很大程度上给予了子女经济和家务方面非常大的帮助。接送孙辈上下学、料理日常的家务……这些看似普通的工作，实际上为整个家庭的正常运行提供了必要且重要的保障，让年轻人能够全身心地投入社会工作中，让第三代能够在更加和谐、温暖的环境中成长。谁能说这样的角色是不重要的呢？

（三）退休让我们有更多选择

在工作岗位上，我们是教师、司机、服务员、政府工作人员等，不管我们从事着什么样的工作，实际上我们的角色是相对被动的。我们要按时上下班，完成单位和上级布置的各项任务，有时候需要加班加点，将工作带回家中完成。而所有的这些任务都是刚性的，是我们在一定程度上必须要完成的。因此我们在大多数时间中是不能够完全自主地安排我们的生活的，这一点是每个人的职业角色决定的。而退休，实际上是从相对被动的角色走向相对主动的角色的开始，我们的生活进入了弹性安排的模式，我们将对自己和自己的生活有更大的选择权和控制权。

退休，虽然意味着一种角色的结束，但同时也代表着更多可能角色的开始。我们没有了"朝九晚五"的刚性工作时间要求，没有了"堆积如山"的工作带来的压力，我们有了对自己生活的更多选择性。这种选择性可以是时间安排，可以是事务安排，也可以是职业安排。从这个意义上说，我们变得更加主动和自主了。很多老年人在结束了职业生涯之后，选择了更加多姿多彩的生活方式和社会角色，他们有的和自己的老伴或者朋友去到处旅行，还因此结识了很多"驴友"，扩大了自己的朋友圈；有的去老年大学学习自己年轻时喜欢但是没有机会学习的技能；有的加入志愿者团队或义工组织继续利用自己的专长回馈社会。你会发现，当你有足够的时间和自主权时，生活中会有更多的可能性。所以，不妨在这个阶段给自己设立新的目标，给自己再一次选择的机会吧！哪怕是学一门乐器，练一手好字，学一支舞蹈，唱一首歌曲……生活状态就是在这样一件件小事的积累中开始发生质的变化的。从生活的每件小事开始，从每一天开始，去做自己热爱的事情吧，也只有我们所热爱的事情才能构成我们所热爱的晚年生活。

第三章

如何面对家庭角色的转变
　　——谈亲密关系

当我们逐渐从工作岗位上退下来，我们与工作中的好友的联系会越来越少，甚至是不再来往了，取而代之的是和家人之间的相处，也是我们晚年生活中最重要的陪伴。社会心理学家曾经描述过关系对于我们的重要性，认为我们所有人在一生中都会受到各种关系的影响。既然"关系"在整个人生中具有如此重要的地位，那么到底什么是关系呢？关系，体现为两个人之间的行为是相互依赖的，相互影响的。在朋友之间、父子之间，其中一个人的说话做事的方式，会给另一个人带来一定的感受。而在亲密关系中，人与人相互之间的依赖程度是最强的。宽泛地说，亲密关系包含很多种，如亲子关系、夫妻关系、兄弟姐妹关系以及朋友关系或者同事关系，等等。亲密关系，并不局限于血缘。而老年人群会更倾向于与自己有更多情感交流的人群在一起。因此，亲密关系的好坏对于老年人的生活和心理都有十分重要的影响。

　　亲密关系在老年阶段尤为重要的一个重要客观原因是社会角色的转变。前面我们提到几乎每个老年人都会经历角色转变。在中青年阶段，我们可能大部分时间都在忙工作、处关系。但是，到了老年阶段，尤其是当我们从工作中退下来之后，我们生活的圈子会逐渐缩小，我们生活和情感的重心将转向家庭，我们的角色从职业角色转为家庭角色。当我们离开了工作的单位，回归了家庭，亲密关系就成了我们生活和情感中最重要的甚至是唯一的依赖和寄托，对于我们晚年的幸福具有决定性的作用。而我们这里讲的亲密关系，对老年人群体来说，以最重要的家庭关系为主，包括夫妻关系和代际关系。

一、少年夫妻老来伴

　　夫妻，在老年人中有个贴切的叫法，即"老伴儿"，也就是老来做伴的人。夫妻关系是老年人家庭关系的基础，是影响晚年生活幸福最重要的因素。老年夫妻通过长时间的相处和磨合，已经适应和习惯了彼此的生活方式和处事习惯，两个人都会为了对方的生活和快乐而调整自己的习惯，因此在生活中能够体现出更多的平和稳定的心态，能够因为彼此的了解和包容化解生活中遇到的很多问题，并且不会因为对方一点小事没有做好就"大动干戈"。当生活归于平静，相互了解和习惯的两个人会给对方带来最大的踏实和安稳，而这也是很多老年家庭的日常状态。

（一）老年夫妻关系的变化

老年人和谐平稳的夫妻关系并不是一蹴而就的，虽然携手半生，但是两个人在年轻时的独处时间却并不长。随着我们社会角色的转变，从青年夫妻到老年夫妻的变化是非常巨大的，这种变化不仅仅体现在每天的柴米油盐之中，更体现在我们的喜怒哀乐当中。随着老年人逐渐告别职场并完全回归家庭，随着子女成家立业，远离了与父母共同生活的环境，老伴儿之间会自觉或不自觉地将更多的注意力和时间放在彼此的身上。这一转变能够加深夫妻之间的感情。随着相互之间在生活和情感上的依赖逐渐加深，随着两个人相处和陪伴的时间逐渐加长，两个人将有更多的时间甚至是更多的形式享受平静又充实的"二人世界"。有的老年夫妻在彼此都退休之后，选择通过旅行等方式来开启自己新生活，这是年轻时所不容易实现的；但同时，这种陪伴时间的绝对增加，对于夫妻关系也是一种不小的考验。由于年轻的时候在工作上奋斗打拼，加上还要养育和辅导孩子，夫妻间的很多问题都被掩盖甚至是忽视了，而所有这些遗留的问题都会在退休回归家庭生活后显现出来。"今天做的菜怎么这么咸呀！""今天该轮到你拖地了！""你这个桌子擦得不干净呀！""我跟朋友约好去跳广场舞，没时间做饭，你就随便吃点吧！"……这些生活中的小摩擦、小状况是不是听着十分耳熟？其实，这些是老年夫妻生活中经常会发生的"小插曲"。当夫妻之间的互动内容变为事无巨细的家庭琐事，一些之前不注意的细节，会在两个人的朝夕相处之中暴露；一些退休前夫妻间的相处模式，会在回归家庭后发生本质性的变化，原本"夫唱妇随"的生活状态结束了，变为两个人相互平等、有事一起商量的模式。有时，原本就不太和谐、矛盾重重的夫妻关系在子女离开之后被激化和放大，最终可能演变成夫妻之间的争吵和冷漠。

因此，我们应当正确认识和维护老年的夫妻关系。正所谓"少年夫妻老来伴"，夫妻关系是我们人生中维持时间最长的关系，能够相互陪伴、相互扶持到老，对于夫妻二人来说都是非常珍贵而美好的。老年夫妻彼此都离开了自己的工作岗位，与子女分开居住，形成独立的家庭时，尤其需要重新来面对和调整夫妻关系以及彼此之间的相处模式。年轻时，我们已经习惯于奔波，习惯于安排孩子的饮食起居，甚至习惯于照顾彼此的父母。因此在很长一段时间内，我们对于自己的感受和需求是不够关注的。当我们结束了繁忙的工作和事务，对情感和生活的需求开始逐渐显现，这一点是很正常的，并不是我们变得苛刻了，而是人生中每个阶段的生活重心不同，关注点也不同。那么如果老年夫妻之间真的出现了很多矛盾和冲突，应该怎样来看待和化解呢？夫妻和谐长久的相处之道又是什么呢？

（二）常开"家庭会议"

谈到应对策略，我们不仅要解决矛盾，还要思考怎样才能让晚年的生活更加幸福美满。后半生是要两个人共同携手走过的，夫妻关系决定着两个人晚年的幸福。因此我们首先要提高对于未来婚姻生活的认识，要将营造和谐稳定的夫妻关系视为两个人生活当中最重要的事情。夫妻关系是影响晚年生活最重要的因素，既然如此重要，当然要足够重视。从社会回归家庭，这一巨大的转变绝不是简单的过去生活的延续，而是夫妻二人重新进行角色定位，并不断地磨合，才能最终走向一段稳定、长远而又和谐的夫妻关系。因此，我们首先提出最重要的一个磨合方式，就是"家庭会议"，即通过"议"来达成一种夫妻共赢的相处模式。这一模式的实现和达成，需要夫妻二人共同坐下来认真商讨，在新的情境中如何才能扮演好自己的角色，承担好自己的责任和义务。就像"世界上没有两片相同的树叶"，每个家庭都会有各自不同的特点和风格，因此，没有普适的模式是可以适用于所有夫妻关系的。所以，家庭内部的磨合和商讨才显得十分重要。老话说得好，只有适合的才是最好的。例如，退休后家务的分担形式、娱乐活动的参与形式和安排，以及家庭财务的支配和使用等看似不重要的事情，却构成了退休后夫妻生活的全部，成为影响夫妻关系最重要的因素，因此都是需要商讨的内容。同时需要强调的一点是，不断地调整，没有什么事情是能够一蹴而就的，也只有不断调整和打磨，才能最终形成如"鹅卵石"般圆润和谐的关系。

虽然共同商定的生活模式是拥有良好夫妻关系的基础，但也并不是制定了模式就万事俱备了，毕竟夫妻生活不是开公司，夫妻关系也绝不仅仅是"分工合作"的生搬硬套，两人需要在模式当中注入更多的情感、包容和体谅，这样才是给夫妻关系注入了灵魂。在模式的执行和磨合阶段，两个人都会遇到很多不适应和不习惯。如果稍有不顺意的事情就一定要据理力争、"当面锣，对面鼓"地分个是非黑白，那么恐怕再怎么商量，最终也无法实现"大一统"。所以，当商讨出互动模式后，我们也要学会在非原则问题上改变我们能改变的，接受我们不能改变的，求大同而存小异。认识到对方也在维持婚姻关系中付出和克制了许多，虽然仍有一些协调不畅的地方，但是我们要努力放大彼此的优点，只有不断发现和放大优点，才能在愉悦的氛围中解决生活中的一些不满和困难。抱怨和责难只会将心推得更远，不但解决不了具体问题，两人之间的感情也会受到严重影响。那么如何实现以上目标呢？这就涉及我们接下来要强调的夫妻之间的"沟通模式"。沟通模式用通俗的话来说就是一个人"怎么说话"。例如，同样都是表达希望对方参与家务劳动，一个说："凭什么这些活都是我一个人干，你就不能干一点？！"另一个说："如果你能跟我一起做的话，我会非常高兴的，因为我喜欢跟你一起做家务。"同样的意思，用不同的表达方式，最后所达到的效果可是大相径庭的。积极的建设性的沟通模式，能够让彼此欣然接受对方的建议，并愉快地达成共识。提出比较合理的建议，并关注和尊重对方所表达的内容，也是非常重要的沟通方法。积极的、建设性的表达方式，正是"家庭会议"方法所最适用的形式。采取积极的态度、相互体谅和尊重，要比采用抱怨、否认等消极的方式，更能够实现"合作模式"的统一，更能够提升夫妻双方对于婚姻生活的满意度。

其次，我们要强调的是，夫妻家庭模式的重新建立过程，绝不是"各人自扫门前雪，不管他人瓦上霜"。绝不是没有矛盾，互不相干就万事大吉了，而是要努力将自己的快乐建立在两个人都快乐的基础上，努力增加两人之间的共同点。年轻的时候，可能两个人从事着互不相干的工作，例如一个搞医疗，一个从事教育行业，很难有交流的共同语言。加上家庭和单位的事务繁重，两个人之间缺乏单独沟通和交流的机会。当两个人都重新回归家庭，工作中的事已经不能构成两个人的谈资，生活的关注点也逐渐转向与个人喜好和兴趣相关的事情。由于配偶是老年阶段最重要的陪伴和依赖对象，两人可以重新开始找寻共同的爱好和兴趣点。在共同参与和体验的过程中，也带来彼此更多可交流的话题。例如很多老年夫妻一起参加了社区的合唱、书法以及摄影等团体活动，平时在家共同讨论、练习和切磋，不但增长了技艺，还增进了感情，而沟通和交流是促进情感的重要前提。当然，如果实在没有找到共同的兴趣点，也大可不必过分勉强，只要保持对彼此最基本的尊重，尝试去了解、积极去关注、乐于去分享，就够了。

最后，我们要认识到很重要的一点是，虽然夫妻陪伴一生，甚至形影不离，但是在一定意义上，我们每个人都是独立的个体，即使到了老年，即使我们已经丧失了独立生活的能力，但是在精神和心理方面仍然需要一定的独立空间。这个空间并不是说要住多大的房子，而更强调的是精神空间。夫妻可以陪伴做很多事情，如一起做饭、一起遛弯、一起参加社团活动。但同时，夫妻也是独立个体，我们应当尊重并理解彼此对于独立个体的空间需求，给对方留有一定的处理自己事务和情绪不被打扰的空间，而这样的心理空间，对于个人的精神和彼此的关系而言都是重要的缓和剂。当对方表示想要"自己静一静"或独自处理事务时，另一半只需要安心在旁边陪伴或做好自己的事情就好，不用急于询问发生了什么事情，相信当对方调整好自己的状态，准备分享时，会发出交流的邀请的。当然，即使对方并不想交流也没有关系，只要知道对方在私人的空间中处理好了自己的情绪和状态就够了。

因此，夫妻二人重新回归家庭生活时，要相互理解、包容，在爱的前提下，共同商讨一个"互利"的相处模式，并在磨合过程中不断向彼此靠近，不断将个人的变成两人共同的，才能最终形成长久、稳定而又和谐的夫妻关系。如果老年夫妻之间的关系调整得当，那么老年阶段的婚姻生活将是非常和谐而惬意的阶段。这样的关系，会为两个人的生活带来更多的可能性。在充足、放松而悠闲的时光中，拾回的将不仅仅是年轻时的热情与兴趣，还有年轻时夫妻间所缺失的美好与陪伴，彼此都会从中得到极大的心理和生活上的满足。

二、代际关系的变化

　　代际关系是指两代人之间的人际关系，通常我们说的"一代"是指 20 多年。而代际关系中的两代，泛指老年人与年轻人，这里就包括我们下面要说的两种情况，即父母辈与儿女，以及祖父母辈与孙辈的关系。我国目前处于经济和社会的转型期，这一转型期所带来的变化深刻地影响着人民的生存方式以及家庭结构和代际关系。在我国历史上占主导地位的主要是核心家庭和主干家庭。核心家庭也就是我们通常所说的"小家庭"，是指由一对夫妇及未婚子女组成的家庭。而主干家庭即我们通常所说的有爷爷奶奶（姥姥、姥爷）、爸爸妈妈和孙辈在一起生活的"大家庭"。我国家庭规模呈现先减后增再减的趋势，而 2017 年的统计显示，目前我国家庭结构以 2—3 人户的小家庭为主要形式。但是，核心家庭的数量会因家里的老人真正到了高龄之后而逐渐减少。其原因并不难理解：随着年龄的增长，老年人会面临更多的健康和生活问题，更难以独立生活，更需要年轻人的照顾。由于中国的"孝老"传统，年轻子女也更加倾向于将年迈的老人接来与自己同住。还有一些情况是老人配偶早逝，则更会倾向于搬到子女家共同居住，不但在生活上能够得到照料，在情感上也有一定的依托。当三代人生活在一起的时候，必然会存在由于代际不同而引起的差异和矛盾。我们如何看待和处理这些差异，以及能否协调好代际之间的关系，对于老年人晚年的生活质量具有非常重要的影响。

（一）父母与子辈

父母与子辈之间的代际关系，就是我们所说的亲子关系，是一种存在于父母与子女之间的双向作用的人际关系，这种关系会随着子辈与父辈年龄的增长而不断地发生变化。幼年时期，子女对父母完全依赖。青年时期，依赖减弱，甚至与父母逐渐疏远。成年阶段，有了自己的工作和家庭之后，子女与父母之间将会形成"横向"的关系以维持情感上的联系。直至父母年老、需要照顾的时候，才会再次形成一个我们前面所介绍的大家庭。随着年龄的增长而变化的家庭结构以及亲子关系，会让我们产生不同的心理期待和情感变化。而我们这里所要讲的就是年迈的父母再次与子女共同居住时可能面临的问题，以及如何调整我们的心态。

1. 亲子代际矛盾是怎么产生的

代际矛盾就是我们通常所理解的父母和子女之间的矛盾。我们前面说过，代际之间往往有 20 多年的时间差，那么如此的时间差会带来什么样的矛盾呢？就目前来看，这种矛盾的形成主要是由于以下三方面效应的作用：时代效应（教育背景、学习能力、社会经历等）、年龄效应（中青年、老年）和角色效应（家庭角色特征）。目前我国大多数的老年人都是 20 世纪 60 年代以前出生的，是经历了三年自然灾害和中华人民共和国成立初期经济困难的一代人，因此对于现在的美好生活倍加珍惜，也容易感到满足。与此同时，老一辈的人所经历的生活、所受的教育和所处的社会环境与下一辈人完全不同，他们的知识背景、学习能力和社会经历与年轻人大相径庭。这种社会和时代所带来的差异是巨大的，形成了不同的价值观、道德观和行为表现。例如上一代人更注重传统道德，下一辈人则吸收了西方的教育观，很少受到传统理念的束缚；上一代人在处理问题时比较保守谨慎，而下一辈人则更加灵活冲动；上一代人非常注重节约，合理规划，下一辈人则节约意识薄弱，比较随性。以上种种时代效应带来的差异都会导致隔代之间产生因观点、意见不一致形成的矛盾。在年龄效应方面，中青年人与老年人也具有一定的差异，这种差异主要是由不同年龄段的生理和心理差异造成的，也受一定的社会时代的影响。如上一代人接受新事物的能力、学习能力和反应能力比下一代人弱；由于健康的问题，也更倾向于采取更加保守、简单、一成不变的方式来处理和看待问题，有时还会伴有一些消极倾向。在角色效应方面，老一辈人从社会角色中退出，他们原本是家中主要的经济支柱，到后来却在一定程度上依赖儿女（不仅仅是经济方面）。并且随着下一代社会地位的确立和事业的成功，老一辈人在家中"当家做主"的感觉也渐渐淡去，自己与下一代在家中的角色发生了互换。这种角色和立场的互换也会给两代人带来不同的心理期待，因而会造成角色适应不良的矛盾。

2. 亲子代际矛盾怎么办

由时代、年龄和角色变换带来的代际差异是我们所避免不了的，那么差异就一定会产生矛盾吗？怎么做才能调节代际差异带来的矛盾，使老人与子女共度的家庭生活更加和睦幸福呢？在此，我们主要从老一辈的角度出发来讨论这一问题。

首先，所有问题的解决都应基于理解，就像我们前面介绍的那样，代际间的矛盾并不是个别家庭的个别现象，而是比比皆是、家家皆有的普遍现象。所以我们作为长辈，应当首先认识到子女与自己的性格特点、价值观和行为方式的差异，是由社会时代导致的。而只有了解到差异形成的原因和两代人的差异点，才有可能产生体谅、尊重和包容，才能够认识到，这种"代际"差异可以是"传统"与"现代"的融合，而非绝对的对立。在现代家庭中，这种组合并不罕见，而要实现两代人的良性互动，需要我们老一辈人的"包容性让步"。即当代际间的矛盾冲突出现的时候，通过包容性的应对方式，在理解和体谅的基础上，了解对方的需求、立场，尝试探索"第三条路"，而不是绝对地站在其对立面，"针尖对麦芒"地去解决和看待所面对的问题。俗话说"三十年前看父敬子，三十年后看子敬父"，如今，老一辈要从真正有利于孩子发展的角度来看待和处理问题，将孩子的好定义为自己的好，以自己本身所具有的丰富经验、心思缜密以及沉稳从容的品质，为下一代在工作和生活中提供更多的"底气"，传递好家庭的交接棒，才能够形成成年子女与父母相互合作支持、优势互补的和谐氛围，形成以代际亲密关系和协商为特点的代际互动模式，使家庭中的每一个人都从中获益。

其次，在生活和经济上为子代提供尽可能的帮助。其实，这也是目前我国大多数家庭的情况。即使子女并没有与父母同住，父母也会在一定程度上为子女提供生活上和经济上的帮助。现代社会对于年轻一代的要求越来越高，中华人民共和国成立 70 年来，我国经历了历史上规模最大、速度最快的城镇化进程，跨省流动性人口的增长，以及接受高等教育人数的增加，都会极大增加中青年人在劳动力市场上的竞争和压力。房贷、车贷、抚养和教育子女以及赡养老人等都需要一定的经济支撑，而大多数的父母都认为自己子女的经济情况并不理想，是非常需要自己在经济上的帮助的。因此，父母给予的经济和生活上的帮助，不但能够缓解子女的经济压力，在生活上也能够让他们更加从容和舒适。与此同时，这种付出还能够产生"互利互惠"的效果，因为父母所提供的这种支持，无论是经济上的还是物质上的，同样会带给自己精神和心理上的满足感、成就感、参与感，以及有用感，让父母感觉到自己仍然是被身边人需要、具有重要价值的。与此同时，在参与子女家庭生活的过程中，还能够增加与儿女之间的互动，增进彼此之间的了解，这对共同居住的大家庭来说，是一种良性的运行模式。

最后，我们要提出的是老一辈人对于自身生活和情感需求的表达。我们从给予的角度，提到了老一辈人在缓解代际矛盾、促进家庭和谐方面的理解和帮助。但是，最终的和谐关系永远不会是单方面付出的结果。老一辈的人也要善于表达自己在情感上和生活上的需求，一味忽视甚至是压抑，最终并不能换来和子女的良性互动以及家庭的和谐氛围。许多老一辈人仍然会保有我们传统所说的因亲子情感捆绑而产生的"父母心"，即认为亲代要向子代进行无条件的让步和妥协。似乎只有单方面的"牺牲"才是维持家庭和谐、减少家庭矛盾的"求全"之法，以至于亲代形成了这种"自然"的反应和想法。和谐温馨的家庭氛围，一定是让家庭中每个成员都觉得舒适和放松，使家庭成员之间彼此支持，进行顺畅的情感表达。虽然生活在一个大家庭中，我们不可能随心所欲，但是在彼此尊重和理解的前提下，相互的照顾和迁就绝对不等同于压抑和拘束。这是建立在理解基础上的具有包容性的相互迁就，是大家为了共同营造和谐家庭所做出的平等的让步和妥协。情感表达的顺畅，是家庭成员彼此相互理解的前提和重要渠道，亲人之间的适度情感表达，不但能够增进彼此之间的感情，更能够增加老一辈的幸福感。压抑和忽视自己的内在感受和需求在短时间内还能承受，但是时间一长，负面情绪积压时间长了，会对老年人的健康造成不良的影响，也会形成日后冲突的导火索。因此，不要认为克制和压抑自己在情感和生活上的需求，一切都为了儿女付出，是营造和谐生活的方式。长久的良性机制，一定是沟通渠道的畅通。建立良好的沟通渠道，需要我们每个人适度地表达和满足自己的需求，这才是构建家庭长久和谐的正确方式，才能够提升包括老一辈在内的家庭中每一个个体的幸福感。

（二）祖父母与孙辈

祖父母与孙辈之间代际关系的产生主要由于父母要为子女分担家务和照顾小孩的工作，即我们说的"隔代抚养"。在我国，祖父母参与孙辈照料的比例高达58%。在独生子女政策背景下，城市独生子女所形成的"主干家庭"是以爷爷奶奶及姥姥姥爷的加入为特征的,代际间的事务和情感羁绊因此加深,并延展了父母对子辈帮助的时间范围。

1. 祖孙代际矛盾是怎么产生的

祖父母与孙辈之间的代际冲突,其实大多是由祖父母与子女之间关于孙辈养育问题的冲突所引起的。在第三代教育的问题上,祖父母辈与父母辈经常会出现因为立场的不一致而引发的"矛盾",举几个我们身边耳熟能详的小例子:在孩子吃饭的问题上可谓是"家家有本难念的经"。父母主张让孩子自己吃饭,如果不好好吃饭,就要等到下顿。祖父母们会觉得,吃饭事小,不能因为一点行为上的小问题就耽误了孩子的生长发育,所以大多会选择"追喂"。出门去商店,都会遇到孩子想要玩具但是家长不给买的情景,父母会觉得不能太纵容孩子的欲望,祖父母会觉得,现在大家都不差钱,小孩子买玩具是正常的需求,算不上过分。因此会经常出现"爸妈不给你买,爷爷奶奶(姥姥姥爷)给你买"的"待遇差异"。其实,这些祖父母与父母之间关于育儿的矛盾剧情每天都在上演，这种矛盾的产生并没有对错，而是大家的立场和价值观不同，许多父母认为重要的事情祖父母觉得并不重要，反之亦然。

究其根本，代际矛盾产生的原因主要有三个，即认知冲突、行为冲突和价值冲突。认知冲突包括性别、心理和环境三个方面，主要包括对隔代抚养本身的看法以及所形成的教育观念的差异，这其中关于教育观念的差异是最大的。行为冲突主要体现在大家对于事情的不同反应上。我们知道当对家庭进行重新组合的时候，家中每个人的角色定位都会重新调整，对于新角色的认识和适应，以及应对具体事件时的不同行为反应，都会带来一定程度的冲突和矛盾。最后是价值冲突，是由祖父母与子辈所处的不同阶层、不同时代造成的，这种差异是以文化差异为主的，对是非的不同理解和判断而造成的养育冲突。其实，三种冲突的情况在隔代抚养的家庭中都是比较普遍的，但就像我们之前所说的，是"饥饿疗法"还是"追喂"，是"满足需求"还是"克制需求"都没有绝对的对错之分，"传统"与"现代"的相遇，不一定是碰撞，也可以是融合。不同代际都带有各自时代的烙印，这些烙印和特征都无所谓绝对的好坏，只要我们各取所长，就能够实现1+1>2的效果。

作为多元化家庭形态之一，隔代养育已经在中国社会中占有不可替代的地位，那么处理好隔代养育所带来的代际冲突问题，以及发挥好祖父母辈在隔代养育中的重要作用，不仅对于建设和谐家庭、促进孙辈成长具有重要的意义，同时对于促进社会的稳定具有重要的作用。当然，这里仍然是从祖父母辈的角度来看待和分析具体的关系调节策略。

2. 祖孙代际冲突怎么办

其实，隔代抚养所形成的代际关系，是亲子代际关系的又一表现形式，只不过是通过对孙辈的抚养而体现出来的。那么就调节策略来说，它与亲子关系的调节策略同中有异。首先，我们要强调的最重要的一点，就是发挥祖父母辈在隔代养育过程中在家风传承上的重要作用和责任。习主席在讲话中强调"家风是社会风气的重要组成部分""家风好，就能家道兴盛、和顺美满；家风差，难免殃及子孙、贻害社会"。而家庭是人生的第一个课堂，因此要"培育良好家风"，实现"给孩子以示范引导"的作用。家风的内涵主要包括三方面的内容，即：①家族传承下来的思维、处事方式、言行和价值观，主要体现在对子辈的教育上；②家族精神面貌和价值取向；③家庭传统的延续、家庭价值的体现、家庭文化的凝聚。由此可见，祖父母在家风传承上具有不可推卸的重要责任和不可替代的绝对优势。

传统家风中蕴含着中华民族的优秀传统美德，它存在于老一辈的言行中，是经过祖辈的"口耳相传"一代代传承下来的。它存在于老一辈随口哼唱的儿歌中，存在于老一辈的物件中，存在于老一辈的待人接物中。因此，在隔代养育的过程中，祖父母辈应当在言行、品格，甚至是价值取向上发挥榜样和引导作用，身体力行、耳濡目染地将家庭的传统文化、做人的行为准则传递给第三代，使孩子成为孝顺、勤俭、谦和、善良的人。这样不仅有利于孙辈的健康成长，同时也在很大程度上促进了代际的和谐。因为孝顺、勤俭、谦和、善良的价值观和行为方式是可以相互影响的，在优秀家风的影响下，必然会形成和谐、互敬的家庭环境和氛围。

其次，与调节父子代际关系类似，我们要认识到缓解一切冲突的前提是理解。祖父母辈要能够理解冲突存在的必然性，以更加包容和豁达的心态来看待这些冲突。自己与子女的社会、生长和工作环境都大相径庭，更何况与孙辈之间的差异。只有客观、理性地看待时代的更替变化，将其视为一种必然，同时将家庭中的目标和利益作为大家共同的追求和愿望，才能在养育问题上更具有包容性甚至是达成一致。

再次，老话说得好，"儿孙自有儿孙福"，在隔代养育的问题上，祖父母辈要意识到，子女是目前形成的主干家庭的核心和主导者，是合作抚育的邀请者。因此，祖父母辈大可从帮扶者的角度，而非主导者的角度来看待孙辈的诸多养育问题，孙辈的教育仍然要以其父母的教育为主，帮助并不等于取代。在遇到一些需要协商的具体问题时，可适时适当地提出建议，而不是非要争个对错，即使有分歧也可以之后私下讨论。这样既可以缓解祖父母因承担多重角色和适应不良而导致的压力和挫败感，也能够减少抚育意见的强烈对立带来的直接冲突。要注意到的是，这里强调的"帮扶者"的角度与家风传承并不冲突。因为这里所指的帮扶内容，主要与孙辈具体的衣、食、住、行有关。祖父母辈在家风的传承和引导作用仍然是不可替代的。

最后，老一辈的自我要求，即自我社会化的终生学习。祖父母辈在抚养自己子女的时候是本着从老一辈那里传下来的传统和习惯来养育的，当然其中会有许多宝贵的经验，这些经验是由很多代人、很多个家庭的重复尝试产生的，十分具有指导意义，如小孩子在 1 岁之前不能吃蜂蜜，孩子流鼻血时用冰敷额头等。但是同时，有些老一辈的"经验性抚育"与当代社会的抚育文化存在出入和差异，例如，许多老年人认为孩子是非常脆弱的，尤其是刚出生的孩子，因此会尽量给孩子多穿衣服，多盖被子。殊不知，孩子在刚生出来的时候，因为代谢功能旺盛，是十分怕热的，这个时候的"捂"，有可能会带来"弊大于利"的效果。还有一些传统育儿方式随着现代科学技术和医疗水平的进步，被更好的形式和内容所取代了。那么，在真正的合作性抚育过程中，祖父母辈如果能够主动了解和学习一些新的育儿知识，掌握一些现代的育儿理念，积极与子辈进行一定程度的沟通，不但能够使哺育方法各取所长、古今融合、惠及第三代，更能够增强对子辈在养育过程中的同理心，使抚育过程和谐、顺利，实现代际间和谐、友善的相处。

第四章

如何面对社交圈的转变
——谈人际关系

退休这一老年期关键的转变，能够深刻地改变我们每个人的社交圈。虽然我们的社会角色随着退休逐渐变化，原来工作上的朋友和同事可能也不再来往，但退休却给我们提供了更多的自由时间去经营生活中仍然对我们具有重要意义的非亲属关系——朋友关系。毫无疑问，在我们所有人的一生中，都有强烈的愿望去建立和维持亲密的朋友关系。幼儿时期的玩伴、学生时期的同窗，工作时的战友……每一阶段的朋友都对我们的人生具有重要的影响。而到了晚年，当我们面临越来越显著的身体和心理状态的变化，家庭支持虽然在满足生活需求方面起着核心的作用，但是越来越多的证据证明，友谊可能对老年人晚年生活的主观幸福感更为关键。虽然大家通常认为友谊并没有家庭关系那么重要，但是它却具有家庭关系所没有的特点和优势。如在很多情况下，与家庭成员相比，我们更加不容易与朋友发生冲突和争执；与儿女之间，由于代沟，很难进行深入有效的沟通，但是朋友通常是同龄人，能够更好地与之交流和互动。尤其对于空巢老人来说，朋友就扮演了更加重要的角色，友谊能够弥补家中成年子女的缺失。在朋友的带动下，老年人能够更加积极地参与社会活动，这有助于他们的独立生活，减少独立生活带来的许多负面影响。因此，在某种意义上，朋友比家庭更适合提供亲密情感的支持。既然朋友关系对于老年群体具有如此重要的意义，那么我们如何才能拥有良好的人际关系，扩大我们的朋友圈，交到真正的好朋友呢？

一、生活中的社交关系

在我们的生活中会存在很多种朋友，有的朋友每天都能见面，有的朋友一年也见不了一次，甚至许多年都见不到；有的朋友能够一起吃饭、旅行，有的朋友能够交流、谈心；有的朋友会随着时间和地点的变化而逐渐淡去，有的朋友则无论何时何地都在我们的回忆里，从不磨灭。在我们的日常生活中，各种朋友都对我们的幸福有着重要的影响。建立和营造良好的、丰富的、有益的人际关系，能够为老年生活带来更多的活力、温暖和精彩。

（一）"老朋友"不要丢

不管我们身在何地，不管我们走到了人生的哪个阶段，"老朋友"都是我们心底最深的惦念，能够勾起我们最美好的回忆，给我们最有力的支撑，并且会随着时间的积淀，愈发显得珍贵。这里我们所说的"老朋友"可能对每个人的含义都不同，他们可能是我们儿时的玩伴，可能是我们的小学同学、中学同学、大学同学，也可能是当初共同下乡的知青。不管是在什么时期，这些"老朋友"都曾伴随我们走过人生中或艰难，或美好，或重要的旅程，并在彼此之间建立了深厚的友谊，成为一生的好朋友。当我们进入职场，当我们成立了自己的家庭，或许在很长的一段时间之内，都没有时间、精力，甚至是经济能力来维系与这些"老朋友"的来往。但是，这也正是"老朋友"最珍贵之处，就是它不会随着时间的推移而淡化。在我们需要帮助，需要关怀，需要支持的时候，老朋友总能够给我们带来极大的心理支撑和安慰。当我们退休离开了职业角色，离开了繁重的工作，这些老朋友将成为我们退休后的生活中重要的情感支持。

我们经常能够听到和看到许多老年人在找寻年轻时候的朋友，通过各种方式与他们再次建立起联系，并在退休后举办小学、中学、大学等不同层面的"十年聚会""二十年聚会",甚至是相距半个世纪的聚会。当熟识的老朋友再次相见,彼此都仿佛回到了年轻的时刻,大家再次坐在一起畅谈青春梦想、畅谈人生感悟、畅谈彼此间曾经的"小摩擦""小秘密",拥抱曾经的遗憾与感动。当大家走过半生再次相聚时,所有的曾经都将变成最美好的回忆。而对于美好事物的怀念,使我们更加肯定自己、更好地面对现在的生活,给自己带来积极的力量,进而体会到生命的意义。随着年龄的增长,怀旧的情感和愿望会越来越浓厚和强烈,因此,回忆对于老年人来说是具有力量的,它满足了老年人在退休生活中十分重要的情感需求。也因此,对于珍贵的"老朋友",我们需要努力去维系,甚至更加增进彼此的联系与交流。

当我们退休,拥有更加自由自主的生活后,似乎才真正有时间、精力和物力去维系"老关系",而也就是在退休这个时候,这些"老关系"才对我们具有更加特殊和重要的意义。当我们离开了工作中的同事,当我们的社交圈开始变小,当我们因为改变角色而感到失落、孤独和沮丧时，我们会更加需要老朋友，他们给我们的人生提供更多的支撑与充填，给我们带来更多的力量与期盼。因此，也许彼此已经很久不联系了，也许我们身在祖国的各个省市，也许我们已经记不清彼此的样子，但是我们还是要尽可能建立、维护和增进彼此之间的交流和互动，努力创造条件重新建立起联系，并在今后的生活中努力维护和保持这种宝贵的友谊，因为这将是我们退休生活中重要的情感支撑与依赖，能够使我们后半段的人生更加充实和浪漫。

（二）多交"新朋友"

老人在离退休后，其生活的半径将会再次缩小，从原来的单位、家庭和少许社交场所，到了现在可能只剩下"小区－菜市场"这种以家庭周围为主体的"两点一线"的活动范围。生活内容因此变得更加单一，身边相处的人也变得相对固定。虽然我们还会有一些保持联系的老朋友，但是很多老朋友也许并不在我们的生活圈之中，甚至是天各一方，难以相见。这一变化对于老年人来说无疑是一种不良的影响，尤其是对于性格比较内向，不善于社交的老年人来说，由于缺乏与他人有效的沟通和交流，因此更加容易产生情绪上的不良体验，甚至出现抑郁等情绪障碍。老年抑郁这一现象在中国并不罕见，据最新的调查结果显示，我国老年人（≥60岁）抑郁症的患病率为25.55%，也就是说每四个老年人中，就有一个患有抑郁症，这应当引起我们的足够重视。对于退休后的老人来说，积极努力地建立和发展"新关系"，有益于身心健康，能够为他们的生活带来更多的活力和朝气。那么如何建立新关系？建立新关系的原则和注意事项都有哪些呢？

1. 主动寻找适合自己的新朋友

我们每个人都有自己不同的性格特点，有的人外向开朗，有的人内向沉稳，不同的性格特征使我们在日常生活和人际交往中表现出不同的处事特点和行为方式。例如在我们身边总能看到很多活泼外向的人，他们非常善于交友，到哪里都可以很快地和身边的人打成一片，他们风趣幽默，热情勇敢，能够很快地调动起大家的情绪，总是会有许多人围在他们的身边。而性格内敛的人，则会表现出安静与沉稳的特点，他们在大多数情况下喜欢自己一个人待着，不太善于交际，也没有太多的朋友，出入时也总是形单影只，或者只是跟固定的几个人交往。其实，每种性格都有各自的好处，性格的形成伴随着我们整个成长过程，都带给我们每个人或积极，或消极的影响。我们也通过不同的人生阶段，对自己的性格特点，以及自己对于不同性格的好恶有了一定的了解。例如，有的时候虽然说不出，但是我们都会不知不觉地喜欢和某些人亲近，而不喜欢和另一些人亲近。其实这表现的就是我们对不同性格人群的偏好。

从学生阶段走向社会，在经历了三四十年的职业生涯后，我们每个人的性格都会受到一些磨砺，因为工作中的人际关系大多是我们无法选择的，而这些无法选择的人际关系会使我们变得更加合群，使我们跟同事很好地相处。与此同时，我们择友的标准和经验在经过了生活和工作中的沉淀后，也变得更加清晰和具体。我们清楚地知道自己喜欢和适合与什么样的人在一起，什么样的沟通方式会让我们感到舒服与自在，与什么样的人只能保持点头之交。因此，当我们离开了职业角色，具有完全的选择能力和自由的时候，我们要对自己的社交圈进行选择，也就是要有选择地交朋友。与聊得来、性格相合的人在一起，有助于更好地发展我们自己。当两个人对很多事情都能有相同的意见并产生共鸣时，就能够从彼此身上获得更多的心理安慰与支持。真正的良师益友则带给我们更多积极的力量，使我们得到更多的自我肯定与自我认同感。那么，到哪里以及如何才能找到适合我们的朋友呢？

其实，不难发现在我们身边就存在许多老年人的"团体"，如"买菜团""聊天团""遛弯团""跳舞团""合唱团""棋牌团""遛娃团"和"接娃团"，等等。大家由于在生活内容上有许多重叠，因此自然而然地走到一起，或者是为了"搭个伴儿"而努力走到一起。而这些事情，是每一个退休的老年人在生活中都会经历的。许多小团体并不要求你有特殊的才艺，不要求你有充足的时间，而只在乎你生活中每一天都要做的事。因此，如果你是外向开朗的人，那么你会很容易地去主动加入各种小团体，并在其中选择适合与自己交往的好友。即使你是非常内向、不善于交流的人，只要你走出家门，你就会发现我们生活中存在非常多的"活动团体"，它们在你买菜的路上，在你遛弯的小区里，甚至在你家楼下。而这个时候你只需要问一声好，就能自然而然地加入这个"团体"中。老年人的团体并没有青年人的那么复杂，那么严格，也不那么功利。当我们的日常只剩下生活的时候，老年朋友们是非常乐意加入和参与彼此的生活的，毕竟"远亲不如近邻"，只有每天在我们身边的朋友，才能时刻给予我们最及时和最真切的关怀与帮助，帮助我们更加积极和乐观地面对每一天的生活。所以我们要积极主动地走出去，参与进去，选择与自己志同道合的好朋友。

2. 不功利但有目的的交友

提到目的性，也许很多人会反感，觉得交朋友不应该带有太强的目的性，这样未免太过功利，无法交到真正的好朋友。但是我们这里说的目的性，其实是一种发展和建立新关系的角度和途径，并不是功利性。前面我们提到过，不管我们自身的性格如何，不管我们是否有特长，只要走出家门，我们就会发现许多"小团体"，而我们要做的就是勇敢地踏出第一步，使我们在自己的生活范围内就可以扩展我们的朋友圈。而这里我们强调交友的目的性，以及按自己的需求来结交朋友。例如：很多老年人会相约一同打门球、钓鱼、郊游；很多老年人会相约一同跳舞、打牌、唱歌；甚至还有一些老年人会相约一同去医院看病、开药。我们要按照我们自身的需要和目的去结识不同的人，从而扩大自己的交友范围。

当我们从职业角色中退出，我们对于朋友的需要会发生显著的变化。在工作时，我们也许需要拓展业务和门路，我们需要能够为我们指路和教导我们的朋友。但是当我们告别了职业生涯，我们将更关注与自我、娱乐、健康以及情感相关的需求，这时候其实我们对于朋友的需求也就随即发生了变化。首先，我们需要了解自己的需求，如果自己有娱乐的需求，如打门球、钓鱼、跳舞和唱歌，那我们就要相应地去寻找我们的球友、钓友、舞伴和歌友；如果自己有生活方面的需求，如学做饭、学栽培、学收纳，那我们不妨走到自己邻居和朋友的家里，相互切磋交流；如果自己总是需要定期去医院就诊看病，那也不妨认识一些病友，如果能在一个小区就更好了。其实很多老年病友在一起是能够很好地相互照顾、相互监督的，他们组成了不同的病友会，形成互助小团体，分享信息、分担焦虑，有些人因此成了非常好的朋友。以上这些就是我们所说的按照自己的需求和"目的"去结交朋友。在日常的生活中，在聊天过程中，我们要有意识地去了解周边人的"信息"：谁跟你有相同的兴趣爱好？谁跟你有相同的需求？谁也在找寻类似的同伴？其实，在跟周围人聊天的过程中，就不难获得这些信息，而有着相同需求和目的的人更容易走到一起。

虽然是按照相互的需求和一定的目的而结交朋友，但这绝不是本着功利目的的。我们并不是为了解决自己的需求，而是通过需求来结交不同方面的朋友。正是因为有共同的目的和需求，我们就更能够增加彼此间相互的理解、体谅与共鸣，更能够了解对方的难处、体会共同的喜悦、分担共同的忧愁，从而使朋友之间的关系更加稳固。我们要用真心去经营和维护这些友谊，努力让自己融入不同的圈子，它不但能很好地填充和丰富我们的退休生活，也是对我们身心都大有裨益的事。

3. 交友须谨慎

前面我们介绍了建立新关系、发展新朋友的重要性和方法。由于友谊对于我们来说具有举足轻重的作用，因此在"交朋友"方面我们似乎应该表现得更加积极和主动。但是，凡事都有它的两面性。交到好朋友固然是一件皆大欢喜的事情，而面对一些"居心不良"的朋友，我们老年人群也要提高防范意识。下面我们就要谈谈老年交友中不得不提的慎重性。

老话说得好，"害人之心不可有，防人之心不可无"，这句话用在老年交友方面非常适合，因为它提醒我们：要时刻保有警惕意识。我们总能看到电视和报纸上报道的关于老年人被骗的新闻。有很多人先是试图跟老人建立朋友关系，取得老人的信任之后，再实施欺骗，而这些"骗子"当中包括青年人，也同样包括老年人。很多以推销为目的的年轻人并不会一开始就卖自己的产品，而是经常来看望老人，给他们送一些小礼品，打动老人，最终让他们购买自己所推销的价格昂贵的保健品或理疗仪。有的老年人打着同龄人的旗号，实则为某保健品公司的"托"，假装关怀"朋友"的健康，实际上是为了推荐产品。对一些空巢老人来说，由于平时缺乏生活与情感方面的支持和安慰，他们非常容易因为孤独寂寞而轻易掉进"友谊"的陷阱中。如果仅仅是被骗钱还好说，很多老年人在使用了推销的虚假产品后，对健康也产生了恶劣影响。更有甚者，直接通过相亲交友来对老年人进行诈骗，他们打出"友情牌"和"感情牌"，利用独居老人希望找人陪伴的心理，每天来家里照顾老人，帮忙料理家务，陪老人聊天谈心，取得信任之后就开始向老人提出各种借钱的要求，最终受骗的老人不但损失了钱财，还伤害了感情，真的是"人财两失"。这样的例子在我们身边经常上演，因此，不得不说，谨慎交友在老年人群中是非常值得重视的。

人到老年，会变得非常容易相信别人，注重亲密情感，甚至会将所发生的事情都往好处想，回避消极的方面。这是老年人群的一大心理特点，是有利于老年人群心理健康的一个优势，但同时这也是老年人容易因"情感牌"受骗的一大原因。老年人容易轻信别人的话，凡事从善意的角度去理解和看待事物，不太容易识别出各种伪装的手段和情感，几句"嘘寒问暖"，几次"上门拜访"，就能很容易获得老年人的好感。同时，老年人随着年龄的增长，一方面其判断能力、反应速度和理解能力都有所减退；另一方面，由于出生年代的差异，在很多概念和知识结构上是落后的，与现代社会是脱钩的。因此，不少老年人对于当今社会上许多新信息、新技术和新方法都缺乏相应的鉴别能力，无法识别出其中的虚假内容。基于以上原因，使得老年群体更容易受到"不良朋友"的蒙骗，造成经济和情感的损失。

这也提醒老年人在交友方面需要获得他人的支持。这个支持可以来自家人，可以来自熟识的朋友，甚至可以来自社区的工作人员。当老年人结识了新的朋友后，应当主动与配偶和子女沟通。如果是独居老人，则可以和自己熟识的朋友，以及社区的工作人员沟通，让家人以及第三者知道有这个朋友的存在，帮助了解"朋友"的真实情况。尤其是当"好朋友"提出有关经济的要求的时候，就更要提高自身的警惕性，让身边人来帮助我们判断和决定，以免造成难以挽回的损失和伤害，包括经济、情感和健康等方面。希望我们都能够在不受到无故伤害的情况下，和好朋友共享一个健康、快乐的晚年。

（三）放下"不良关系"

就像我们之前提到过的，当我们还处在职业角色中时，有许多人和事是我们无法自己选择的，我们无法选择工作的时间和地点，无法选择共事的同事和领导。因此，在某种意义上，职业的角色会给我们的工作甚至生活带来一些压力和不满。可能你曾与同事因为观点不同而发生口角；曾在工作中因为一些分配的"不公"而引发同事间的矛盾和误会；甚至因为与同事的一些日常相处中的不愉快而影响彼此间正常的工作，遭到领导的指责，等等。这些关系所带来的不愉快，似乎是我们每个人在职业角色中都会经历的。这些"不愉快"都来自同事和上下级之间的"不良关系"。这些不良关系曾经带给我们一些负面的感受、回忆，甚至是内心的伤害，在这里我们可以将其定义为人际关系带来的"不愉快的经历"。

　　也许你的身边会有一些人，当他们在回忆自己年轻时的工作经历时，满是消极、负面的言语和悲伤的情绪，也许你也是这其中之一。这些感受和伤害，可能即使在退休离开了工作岗位之后，也仍然停留在我们的记忆当中，使我们陷入过去的阴影和悲伤中，影响着我们现在以及今后的生活。即使时过境迁，过去不愉快的回忆仍然会困扰着我们、影响着我们，使我们在退休的生活中仍然"负重前行"。因此，这里要强调的是，当我们真正离开了工作岗位，我们应当努力从形式上和心理上放下过去的生活和工作中与同事之间的不愉快、小恩怨，如果伤害已经发生了，那么就让伤害留在过去，而不是继续影响我们日后的生活。在新开启的退休生活中，我们面临着许多新的选择和新的可能，所以，我们应当让自己尽量"轻装上阵",去结识新的朋友、创造新的回忆,这对我们的生活,以及自身的健康都有着非常大的好处。

二、网络中的社交关系

　　网络进步给我们的生活带来了许多便利，彻底改变了我们每个人的工作、生活和社交方式。据中国互联网络发展状况统计调查公布的数据显示，截止到 2020 年 6 月，我国网民的规模已达到 9.4 亿，但是其中 60 岁及以上的网民占比仅为 10.3%。即在中国，大概有 1.57 亿 60 岁及以上的老年人并没有接触到网络，这一人数占到老年人总数的 61.8%。也就是说有一半以上的老年人并不会使用网络，但是，超过 70% 的老年人有上网的意愿。那么，网络技术的发展是否也便利了老年群体呢？面对老年群体的社交困境，互联网能够起到什么样的作用呢？下面我们将从利和弊两个方面来看看这个问题。

（一）互联网社交之"利"

互联网给社交带来的益处似乎已经不言而喻了，它在人与人之间连起了无形的网络，你几乎可以和世界上任何你想联系的人联系，没有地域和国界的分隔。互联网深刻地改变了我们每一个人的社交方式，即使你性格内向，不善于社交；即使你经济困难，生活拮据。互联网似乎对每一个人都没有设定过高的门槛，以至于大多数人都可以通过互联网来进行沟通、交友，建立自己的"朋友圈"。互联网给老年群体的社交带来诸多益处，也不可不提，它使没有太多社会交往，甚至行动不便、居家休养的老年人，也能够有与他人和社会沟通的机会和渠道。

1. 弥补家人的"缺席"

对于老人来说，使用互联网的最大好处恐怕就是弥补家人的缺席。在当代社会，年轻人将大把的时间投入工作当中，自己的孩子尚且没有时间照顾，更何况自己的父母。有非常多的老年人在子女成家独立之后成了"空巢老人"。这一状况在老人退休之前可能还影响不大，因为生活中的大部分时间可能都被工作事务占用了。但是一旦老年人从社会角色中退出，家庭角色成为核心的时候，对于家庭成员之间的情感和陪伴的需求就愈发变得强烈。许多老年人开始怀念子女在家时的吵吵嚷嚷，怀念为一家子准备的丰富晚餐，甚至怀念起与儿孙之间的摩擦拌嘴。突然冷清的生活会让我们感觉到寂寞和失落，燃不起对于生活的热情和希望。多少老年人在退休后的生活中精简了自己的三餐，并不是因为年纪大了没有食欲，而是没有了吃饭的人，做饭也失去了意义；多少老年人会把自己全部的积蓄留给子女，自己却从来不买一件新衣服、新家具，并不是因为生活真的拮据，而是家里没有人住，装扮也失去了乐趣。子女和家人的陪伴是退休后老年人情感上的重要依托和填充，占据了老年人情感寄托的主要部分，就像我们都熟知的歌曲《常回家看看》里面唱的那样，"常回家看看，回家看看，哪怕帮妈妈刷刷筷子洗洗碗""老人不图儿女为家做多大贡献啊，一辈子不容易就图个团团圆圆"，正是唱出了无数老年人的心声。

虽然老年人盼着儿女常回家看看，但是拼搏在外的儿女却并不是总能做到，尤其是在其他城市工作的年轻人，可能一年才有一次机会回家。在这种情况下，互联网在增进亲人的联系、增强家庭关系方面起到了重要的作用。尤其是在智能手机"视频通话"功能出现之后，年轻人更是能够给远在他乡的父母以最真切的安慰。亲人之间的思念不再仅仅通过声音来传达，也能通过图像来呈现，使自己惦念的人就出现在眼前，也使老人想要的陪伴变成了虚拟的现实。而老人在"家族群"中与亲人每天的互动，更是增添了自己的归属感，仿佛亲人之间能够分享彼此的生活，使退休后单调的日子不再孤单。亲人之间的互动，不仅可以填充老年人的退休生活，也能够帮助他们更好地应对生活、参与社会，是帮助老年人"走出去"扩大自己社交圈的有力支撑和保障。

2. 帮助老人回归主流社会

如果说退休意味着脱离了主流社会，那么互联网就是一把钥匙，给了老年人再次开启社会大门的机会，减少他们的社会隔离感，让他们有更多的参与感和掌控感。

退休生活，减少了我们与社会、朋友的沟通渠道。原来上班的时候，同事之间聊两句天儿，就能知道最近身边和社会上又发生了什么事情，比如，菜价是不是又涨了，退休金又有了什么调整，甚至又发现了什么养生和生活小妙招……在同事之间的闲聊中，似乎不需要我们特别努力地去了解周围的事情，就可以轻松掌握各种各样的消息。而每一天的沟通交流，又同时增进了我们与朋友和同事之间的感情，维系了我们的社交关系。但是，当我们离开了工作岗位，失去了我们"闲聊"的听众和场所，好像生活一下子变得封闭起来。退休的"隔绝"让我们变得更加"孤独"，使我们成了"两耳不闻窗外事"的"隐士"，少了与他人沟通交流的谈资。我们变得不爱出门、不爱说话，更加不愿意跟人交流了。而这种状态会极大地影响老年人退休生活中的情绪状态，让他们变得更加消极和自卑。

互联网的出现，给了每个老年人改变以上消极状况的机会。当我们通过互联网重新建立起与这个社会沟通的渠道时，我们增加的不仅仅是对时政新闻、民生和文化娱乐的了解，更是一种沟通的愿望和动力。当我们感觉到与社会的连接，我们将获得大量形形色色、五花八门的"资源"，我们的生活内容会因此变得更加丰富多彩。而对这些资源的掌控，可以让我们更加自信，有愿望去走出家门，与更多的朋友甚至是陌生人交流，交流我们在网络上所了解的"小知识""小趣闻""小常识"甚至是生活和娱乐中的"小八卦"。我们这里姑且先不说这些知识和新闻的可靠性，但是网络确实给了我们丰富的沟通资源，让我们乐于分享、积极分享。在与身边的亲戚、朋友、邻居甚至是陌生人沟通的过程中，沟通的内容可能已经不那么重要了，重要的是我们又因此再次建立起了与他人的连接。使我们通过虚拟的网络，最终走向了真实的生活，而这种以互联网为载体所形成的人与人之间的连接，有了它活生生的意义和价值。

3. 减少代沟

这里我们说的代沟不仅仅是指家庭中祖父母与儿女

和孙辈之间的代沟，而是泛指老一辈与青年之间的代沟。

　　退休，让我们一下子由社会角色回归家庭角色，这使我们无论是从年龄上还是社会角色上，都与当今青年人所代表的主流社会更加脱节，我们似乎越来越听不懂他们在说什么，看不懂他们在做什么。当春晚舞台上的老一辈艺术家被年轻的艺术家所取代，当电视上响起的不再是我们所熟知的《歌唱祖国》《红梅赞》和《听妈妈讲那过去的事情》，当越来越多的老物件被自动化、智能化的仪器所取代，我们会更加觉得自己已经不属于现在这个时代，已经跟不上这个社会，甚至已经无法跟现在的年轻人沟通了。但其实，这些我们看似无法逾越的鸿沟，以及这些巨大的差距，主要源于我们所掌握的信息量不同。虽然老年人在学习新技能、了解新知识方面的能力和速度都不如青年人，但是这并不代表老年人就无法尝试这些"新事物"。互联网是丰富多彩的，它不但能够带给老年人他们所喜爱的"怀旧歌曲"，同时也给老年人展现了这个社会的无限可能性，如"会自己扫地的机器人""能让人身临其境地看电影的眼镜"，以及"会自己煮饭的电饭煲"，等等。虽然这些新鲜事物已经超出老年人的理解范围，但是却逐渐进入他们的生活，被他们所接受。

因此，当老年人越来越多地通过网络接触到新理念、新事物时，他们与年轻人之间的差距和隔阂会越来越小，二者将更能够实现平等、有效的沟通和交流。我们鼓励更多的老年人与青年人做朋友。实际上当我们之间的差距通过互联网得以缩小时，老年人与青年人之间的碰撞能给彼此带来更多的收获和启发，因为这是"传统"与"现代"的融合而非矛盾，是互联网带来了二者的统一，拉近了两代人之间的距离。两代人因为相互的了解而更好地走进彼此的内心，带来的将不仅仅是家庭代际间的融洽，还是整个老一辈社会群体与青年群体间的良性互动。将会为我们的社会碰撞出更多的智慧"火花"。

（二）互联网社交之"弊"

任何事情都有它的两面性，互联网也不例外。现在的我们，几乎每一天都是在互联网的陪伴下度过的，我们的吃、穿、用、交通、工作甚至是交友，都离不开它。互联网在给我们带来丰富的信息、便利的服务和多样的娱乐的同时，也伴随着它不可忽视的弊端。虽然互联网上有大量的资讯，五花八门，但是很多信息真假难辨、虚实难分，有太多的人因为网络交友而被欺骗，落得"人财两空"。互联网是一把双刃剑，我们在享受其带来的便利的同时，也一定要警惕它所带来的"风险"。

1. 信息"鱼龙混杂""虚实难辨"

互联网的使用，使我们每个人真正实现了"秀才不出门，便知天下事"，它是一个包罗万象的信息和资源的宝库，取之不尽，用之不竭。你几乎可以在网络上找到任何你想搜索和了解的信息和知识。网络世界之所以如此丰富多样，很大程度上在于它不受现实的制约。网络中的随意性要比现实生活中强很多，各种信息和内容都有可能存在，因此网络上的信息良莠不齐、虚实难辨。

随着越来越多的老年人加入了互联网的世界，他们在越来越多地享受到网络带来的便捷的同时，似乎也成了互联网世界的"弱势群体"。前面我们也提到过，由于老年人在知识结构和社会经历方面都与现代社会有着显著的差异，使他们对当今社会的洞察力以及对先进科技的理解力都存在着不足，而正是这些差异和不足使得老年人在网络信息的辨别和区分上具有"先天的弱势"。新概念、新技术层出不穷，在带给老年人丰富多彩的世界的同时，可能也带来了更多的"骗局"和"谎言"，使我们不得不时刻提高警惕。网络上经常会出现冒充"假明星""假身份"，甚至是以"假性别""假年龄"，使用"假照片"和"假视频"对老人实施诈骗的事件。尽管对这类事情熟知网络规则的年轻人能够轻易识破，但是却使许多老年人深信不疑、陷入其中。因此我们的老年朋友在使用互联网进行社会交友时，要时刻意识到网络具有虚拟性。大量的内容和信息是不一定真实、不一定存在的，甚至是刻意编造的，我们的眼见不一定为实。因此，一方面我们可以通过互联网尽量与自己生活中真实的朋友进行交流互动；另一方面，我们应当与通过网络认识的"不真实"的朋友保持适度的距离，不要轻易被"嘘寒问暖"的假关怀所感动，尤其要守好自己的"钱袋子"。同时，应多多欢迎子女对自己的社交生活进行"指导"，这一方面可以帮助我们"鉴别"出一些"虚假朋友"和"不良朋友"，另一方面也增强了子女与父母的沟通，增加了彼此间的谈资，增进了彼此间的理解与情感。

2. 是"联系"还是"脱离"

退休会使老年人因失去许多与社会的连接而变得孤独，这一点可能大家都不难理解。因为在我们的印象当中，"联系"就相当于"不孤独""不脱离"，"联系"会让我们更接近、更亲密。但是，目前却存在一个矛盾的现象：虽然互联网拉进了人们之间的交流，使远在天边的亲人变得近在咫尺，但是却使得近在咫尺的家人变得疏远。有太多的夫妻、朋友，即使对方就在面前，却都低头沉迷于互联网的世界，无视身边最亲近的人。如果说我们是因为感到孤独才进入了互联网的世界，那么很有可能现在我们也因为互联网的世界而更加孤独。

越来越多的人将所有的精力和情感放在了手机屏幕

上的"亲人"身上，而不理会甚至不知道如何处理与身边朋友和家人的关系。互联网让我们可以不受时间和距离的限制，不用面对面就可以相互寒暄、侃侃而谈，而这样的"便利"让越来越多的人选择留在家中，停在手机前，沉浸在"虚拟"的关系中，远离了现实的人际和社会。目前，老年人在手机上花费的时间也在逐渐增加，抖音、微信等社交平台向老年人呈现了一个"异彩纷呈"的世界和丰富的"朋友圈"，而所有的这一切都让我们"爱不释手"。但是却让老两口之间的实际交流更少了。我们在手机上每多花费一分时间，我们与现实生活中的人际交往就少一分时间。

因此，我们要客观地看待和使用互联网，将它视为一种工具，而这种工具永远是为我们服务的。互联网的存在是为了让我们更好地增进与现实社会中人与人之间的联系，满足现实社会中人与人之间交流的需求，而不是为了开启人与机器之间的虚拟关系。也只有这样，才能更好地使互联网变成有益于我们增进社交关系的助手。

第五章

如何面对健康状态的转变
——谈心理调节

如果说，心理的变化十分细微、不易察觉，那么身体和健康状况的变化，可能是我们进入老年生活后首先感受到的不请自来的落差。原来拎着菜一口气上六楼都没问题，现在走得稍微远点怎么就喘了？原来跟朋友一起爬山、郊游，玩一天也不觉得累，现在怎么爬几层楼梯就膝盖疼、腿软了？原来吃饭不规律也没关系，现在怎么吃点凉的、辣的，肚子就发出警告了？这种种的迹象似乎都在提示我们，不管我们愿不愿意，我们的身体状况都在逐渐步向老年，身体的各项机能都开始变得跟以前不一样了，或者说都不如从前了。可能等真正到了高龄，我们大多数人都能够客观地看待和接受健康状况变差，每天吃五六种药，并且与三四种慢性病和谐共处。但是对于刚刚步入老年期的"年轻老人"来说，这种健康状况的变化是会带来沮丧和挫败感的。似乎不管我们愿不愿意，都不得不开始面对自己已经老了这个现实。如果躯体功能的衰退有不请自来、一意孤行的态势，真的不管我们怎么想、怎么做，都丝毫没有作用吗？在面临不期而来的"健康红灯"时，我们如何才能保持积极健康的心态，从容自如地面对疾病和衰老呢？

一、重新认识衰老和疾病

　　提高认识是改变行动的第一步，也是改变行动的前提。健康，可以说是我们人生中的头等大事，是我们要用一生去经营的最重要的"产业"。而对于健康的"认识"，则影响着你对于健康的态度、对待健康的举措，和最终的健康结果。而你对于健康的良好态度，是一种"精神财富"，能够感染甚至传递给下一代。我们都要认识到，健康才是我们最大的财富。因此，提高对于健康、衰老和疾病的认识，要从我们每个人自身做起。

（一）衰老和疾病并非"不期而来"

　　前面我们提到过，我们应当将退休视为"衰老"所带来的必然结果。的确，衰老并非不期而来，而是世界上每个人都会经历的过程，甚至不用提前通知。我们的眼睛越来越看不清东西；我们的耳朵越来越听不清声音；我们走路的速度在逐渐变慢；我们越来越容易感到劳累和疲倦；甚至我们有些人变得越来越胆小，越来越谨慎。而这一切都是一个人老化的自然过程，是大自然的规律。因此，我们首先要在客观上认识和接受衰老的必然性，要知道有一天，也许就像我们这套书的名字"50岁开始的'你好人生'"一样，当我们来到50岁的阶段，衰老的种种征象就会来敲响我们的大门，登堂入室。而与衰老相伴而来的就是疾病。也许有的人在年轻的时候比较在意自己的健康，生活规律、饮食健康、坚持锻炼，也因此，疾病会来得晚一点；有些人在年轻的时候因为工作或是一些不良的生活习惯（如熬夜、吸烟、饮酒、不规律饮食等），为自己今后的健康埋下了一些不良的"种子"，而疾病在这些人中也会来得早一点。但是无论早晚，疾病也如同衰老一样，会如期到来，"无疾而终"也许只是我们每个人美好的愿望。

衰老和疾病除了随着年龄的增长而自然发生以外，也同样会因为生活中一些重大的事件而"突然造访"。如离异、丧偶、亲人离世、事业挫败等事情的发生，会带给我们精神上巨大的冲击，让我们似乎"一下老了十岁"。而这里我们要说的重大事件之一就是——退休。虽然退休远没有上面所说的事情给我们带来的伤害大，但是它所带来的变化可是不容小视的。试想一下从原来的朝九晚五，到现在的赋闲在家；从原来的工作缠身，到现在的无所事事；甚至从原来的"压力山大"，到现在的精神空虚。虽然表面上看来我们的生活更加轻松和自如了，但是我们的身体和心理似乎很难接受这一突然的转变，纷纷亮起了"红灯"，也因此产生了所谓的"退休综合征"。其实，退休综合征并不难理解，在我们的生活中也会发生类似的状况，例如许多人在刚结束一段时间的高压和紧张的工作之后，就会突然生病。之前熬夜加班、精神紧张的时候没有生病，怎么突然轻松没事的时候，反而生病了呢？其实这就跟我们的"退休综合征"的道理是一样的。当我们的身体高速运转、努力工作时，我们身体的各项机能也在高速运转，包括我们的免疫功能，因此这个时期我们并不容易得病。但是当我们突然闲下来了，我们的身体反而会因此失衡，使我们更容易受到感染。这也就是为什么许多人在工作的时候身体还挺好的，退休没两年，各种大小毛病就都找上门来了，就如同老话儿经常说的"人闲百病生"。

可见，不管我们愿不愿意，我们的健康状态都在随着年龄的增长和生活事件的到来而发生着必然的转变，而我们要在心理上有所准备，来接受这一变化的规律和事实。在这里，客观地接受绝不是消极的代名词，即我们并非"等待变化的到来"，而是要"积极迎接它的到来"。因为不管我们是自怨自艾、焦虑难耐，还是心态平和、积极应对，衰老和疾病总是要到来的，那我们为何不抱着一种平和、轻松的心态来积极面对呢？当我们换一种心态时，结果可能会不一样。

（二）老化也有"态度"

我们做事有态度、学习有态度，就连老化都有态度吗？是的，在心理学中有一个专有名词，就叫作"老化态度"。简言之，老化态度其实就是指我们如何看待自己变老的过程，以及对于自己所处的老年状态有何体验和评价。面对脸上越来越多的皱纹与老年斑，面对越来越多的慢性病与口服药，你是仍然保持着积极乐观的态度，坚持着健康、良好的生活方式，还是消极悲观地自怨自艾，丧失了生活的动力。以上两种心态就分别代表了积极和消极的老化态度，而不同的老化态度对于老年人的身心健康和生活质量都有着巨大的影响，也就是我们这里想要强调的："态度"决定一切。

　　许多老年人在退休之后，由于感受到社会地位落差带来的失落感，以及生活状态突变带来的不适感，心理状态会出现非常大的波动，以至于产生焦虑抑郁的情绪而影响正常的生活。而这种消极的心态会很快反映到身体感受上："怎么总觉得做什么事情都没有力气""整天就想唉声叹气，觉得胸闷气短""吃饭不香了，觉也睡不踏实了"。如果你觉得心态不好仅仅会引起以上感受上的不舒服，那你可就错了。当不舒服的状态持续一段时间后，当你真的打算去医院看病的时候，会发现这些症状都变成了真的疾病。你可能真的有了冠心病、胃炎和睡眠障碍。有些老年人可能会觉得，怎么"想着想着还成真了"呢？是的，这就是我们所说的老化态度对于身心健康的巨大影响。同样，如果你已经有了一些老年人不可避免的慢性病，那么长时间处于消极、悲观和抑郁的情绪还能够让本身并不严重的疾病进展得更快，甚至更加难以治愈。我们不难发现，身边总有一些"病友"，他们积极乐观，从精神状态上看好像没病一样，甚至他们恢复得也比我们更快。这个就是老化态度的力量，它可以让"想象变成现实"。已经有大量的研究证实，拥有积极健康的老化态度的老年人，比拥有消极老化态度的老年人要明显更快乐、更幸福、更长寿。一项针对美国老年人为期 23 年的研究显示，积极的老化态度，以及对于衰老的积极认识，能够使老年人的寿命延长 8 年左右，同时还降低了呼吸道疾病的死亡率。而另一项来自澳大利亚的为期 16 年的老龄化研究也显示，更加积极的老化态度，能够使老年人拥有更强的日常生活能力和更加良好的身体机能。这也就提示我们"怎么想"真的很重要，如果仅仅靠"想"，就能让自己更加健康，我们为什么不来试一下呢？

二、如何进行自我心理调节

前面我们介绍了关于"认识"与健康的关系，也认识到"态度"影响着我们最终的健康状态，积极、乐观地对待衰老和疾病，能够在更大程度上让我们拥有更加良好的身心状态，活得更长寿，同时也更幸福。但是这里仍然存在一个问题。很多人会说：我知道良好的心态对于我的健康长寿和疾病恢复都有很大的好处，但是我得了这么多病，吃这么多的药，我怎么能高兴得起来呀？这里就引出了我们很多人都存在的一个问题，就是"知道但是做不到"。其实很多时候并非我们真的做不到，而是我们没有掌握真正切实可行的方式和方法，或者说我们所谓的"知道"并没有具体到"细节"。少了这些具体的细节，大家就会觉得自己并不知道该怎么做，也就自然难以开始。接下来这一部分我们将要讨论怎样才能让我们在面对衰老和疾病时能拥有一个良好的心态。如果说前一部分的内容是"理论篇"，那么这一部的内容就是"实战篇"。

（一）"战略"上藐视——谈心理

"凡事往好处想"这种耳熟能详的心灵鸡汤，相信很多人已经烂熟于心了，大家都知道不管遇到什么事情都要尽量"想开点""往好处想"。但是好像仅仅知道这一点还不够，因为尽管身边的亲戚朋友总劝自己要乐观，可是"知道"和"做到"似乎从来都是两回事。很多时候，我们停留在"知道"的层面而并没有去做，其实是因为我们并不清楚"怎么做"，或者说我们不清楚具体要怎么做。到底要怎样才能"想得开"，到底要怎样才能拥有积极乐观的态度呢？其实不管我们每个人的性格如何，或开朗外向，或谨慎内向，我们都希望自己能够更加积极乐观地去面对生活和生命，至少能够保持一种平和的心态。而拥有和保持这种心态，其实是一种能力，或者说是一种技能，也就是说我们不用去羡慕身边拥有积极乐观心态的人，既然它是一种技能，那么我们每个人通过学习和训练都能够获得。我们不能够保证自己一生都"顺风顺水"，生活中总会有一些不期而遇的事情和意外。因此，这是我们每个人都应当学习和具备的能力。不仅仅在应对健康问题和疾病方面，而在我们生活中的方方面面都可以应用，这使我们拥有一种平和、乐观的心态。

关于所谓心理调节和情绪调节的方法，其实大家不用觉得有什么神秘，这更不是心理学所独有的高级技能，实际上在我们身边有很多人也在不自觉地应用着这些简单易行的方法，这些方法是使我们拥有良好情绪的"钥匙"。下面为大家介绍一些心理以及情绪调节的要点和具体方法，这些方法中有一些是极具普适性和抽象化的概念，还有一些是非常具体的方法，可以让大家照着具体实施的。

首先是一些能让人拥有良好情绪的普适性要点：

一是接纳。接受我们不能改变的部分，同时把我们的注意力和精力转向可以改变的方面，并制定行动计划。就如同我们之前对于衰老的认识，春夏秋冬、生老病死都是自然的规律，我们需要坦然面对，因为谁也无法阻挡时间的年轮。如果我们抓住衰老这件事不放，总想着要去逆转它，或者因为它的到来而愁苦烦闷，那么我们只会给自己增加更多的不愉快，因为衰老本身是我们改变不了的事情，而力所不能及的事情总会让我们感到无助和失落。那么我们该怎么做呢？我们要把注意力放在我们能改变的方面，即我们可以选择老去的方式，是积极、乐观、优雅、从容地老去，还是在消极、悲观、抑郁和焦虑中老去。这一选择的权利在我们自己手中，是我们可以掌控并改变的。当我们对老去的方式做出了选择后，它自然而然会改变我们对于衰老这一过程的看法，以及我们日常生活中的行为方式。

二是社交。社交是一个非常宽泛的概念，它并不意味着朋友越多就越好。社交注重的是质量，能够与之建立亲密关系的好朋友不需要多，2 到 3 个就够了，所以即使是性格内敛的人也不用有很大的心理压力，强迫自己去与人交朋友。如同哈佛大学历时 75 年的课题"什么样的人，最可能获得幸福的人生"给出这样答案：良好的人际关系能让人更加快乐和健康。而这一答案包含着三个内涵：第一，社会关系对我们是有益的，而孤独寂寞有害健康；第二，决定有无孤独感的不是你有多少朋友，也不是你身边有没有伴侣，真正产生影响的是这些关系的质量；第三，幸福的婚姻不单有益于我们的身体健康，还能保护我们的大脑。所以，就如同文学大师马克·吐温所说的"时光荏苒，生命短暂，别将时间浪费在争吵、道歉、伤心和责备上。用时间去爱吧，哪怕只有一瞬间，也不要辜负"，把时间花在我们身边、与我们维持着亲密关系的朋友身上，哪怕只有两三个人，因为只有这样，我们才能拥有最真实和持久的幸福感和快乐。

三是感恩。保有一颗感恩的心，才不会将生活中的事情都视为理所应当，才更能够发现他人的好、忘记他人的过，才能够珍惜和善待身边和我们朝夕相处、给予我们陪伴和关爱的人。而也只有如此，我们才会同样收到来自他人的赞美与肯定，收获幸福与快乐。

　　四是运动。运动在这里并不只是一种强身健体的方式，当然它可以让我们的体格更加强健，但与此同时，运动也会让我们更加快乐。运动对于心理健康的影响已经得到了大量的证明，运动能够显著改善我们的心理健康，减轻抑郁、焦虑和压力，甚至可以带来与心理治疗一样的效果，是一种可以促进我们身心健康的方式。

　　以上是关于老年人情绪调节的普适性要点，是每一个人都应当重视和认识到的。下面将介绍一些在我们的日常生活中切实可行的具体方法，来帮助大家调节情绪。

　　第一个是"六十秒快速乐观法"。

　　很多人在听到情绪调节方法的时候，可能会有一些顾虑，要么会觉得有的方法太难了，自己学不会；要么会觉得有些方法太麻烦了，难以坚持下来。那么笔者就先给大家介绍一个简单易行、立竿见影的小方法："六十秒快速乐观法"。这是我们在任何时候都可以进行的练习。因为它简单方便，易于坚持，也就能够帮助我们形成习惯，一旦形成习惯就会比较容易坚持下去了。

①抬头挺胸。身体的姿势会在很大程度上影响我们的心情状态，这也就是为什么"军姿"具有鼓舞士气的作用。如果始终垂头丧气，那么整个人就容易觉得低落、消沉，提不起精神；而如果挺胸抬头，则非常容易感觉到积极、进取和元气。你看，是不是只用1秒钟，整个人的精气神都会变得不一样了。②使用愉快的声调说话。说话的声音会不经意地透露出我们当下的心情，从而也会影响其他人回应我们的方式。还记得《红楼梦》里"未见其人先闻其声"的王熙凤吗？她爽朗、清脆的声音让人印象深刻，让黛玉一下子感受到了她的气势和热情。说话的声音具有这种力量，可以传递出我们的心情和状态，并影响别人对我们的印象。使用愉快的声调说话，不但使我们传达出积极的信息，也更容易得到积极的回馈，形成良性的循环。③使用正面语言。上一条是强调我们说话的方式，而这一条是强调我们说话的内容。一旦开始使用正面的字眼，我们就会积极起来，也会更有力量和动力去面对生活。正所谓"良言一句三冬暖，恶语伤人六月寒"，积

极、正面的语言能够同时给我们自己和他人以正面的力量，让我们更有信念和勇气去面对生活中的挑战和挫折。④减少抱怨。我们要努力将自己的时间花在美好的事情和人身上，抱怨只会消耗我们的能量，并不能解决问题。

　　以上就是能够帮助我们快速获得能量和乐观状态的小技巧，可以看到其实它们是可以立竿见影地改变我们当下的状态的，但是并不是做到一次，就能够一劳永逸。大家要通过一次又一次的练习和尝试，将其变为我们的习惯，并内化到我们每一天的言行当中。

　　第二个是"心理日记"。

　　心理日记是心理学中经常会使用到的一种方法，它就像学生时期写的日记一样，记录下每天发生的事情。而心理日记呢，最好就是记录每天让我们开心的事情，这里我们把它叫作"积极心理日记"。积极心理日记要求我们每天尽量留意或记录下发生的三件好事，并且努力思考这三件好事发生的原因。

　　其实这种方式是在不断地给我们注入积极和正面的

力量。我们大多数人都会花很多时间来想自己已经失去的、没有做好的或者做错了的事情，正所谓"吾日三省吾身"，但是却忽略了甚至忘记了已经得到的、做好的和做得对的事情。在整个人类进化的过程中，我们更善于记住更多的失败，而不是成功；我们倾向于花更多的时间分析坏事情，而不是好事情，似乎这样才能让我们汲取教训，在今后的实践中更容易成功。这种方法固然没错，毕竟老话说得好"吃一堑才能长一智"嘛。而这也正是我们需要"积极心理日记"的原因。关注事情不好的方面确实能够让我们更容易成功，但是也的确让我们更容易忧虑和不快乐。留意并分析生活中发生的开心的事和好事，能够让我们对好的事情记忆更加深刻，提高我们的记忆力，更重要的是有助于培养我们乐观的生活态度，从而珍惜生活中的美好。

具体的方式非常简单，我们不需要长篇大论，也不必用华丽的语言，可能你只记录了"今天邻居陪我一起买菜""菜场的小贩今天便宜卖了我两颗白菜"等，仅仅是一句话，几个词，就能够概括出事情的大概。不要小看积累的力量。每天对积极的、美好的事情的"积累"，哪怕只有一件事情，能够让我们越来越相信和体会到生活的美好，让我们每一天都充满了感恩和欣喜。如果有的老人因为某些原因，在书写上存在一定的困难，也可以采取以下两种方式：一是通过手机的语音功能，把每一天的好事情录制下来；如果在手机的使用上也存在困难的话，我们完全可以在每天睡觉之前，躺在床上，静静地在脑海中回顾一下今天所发生的好事情。这不但能够锻炼自己的记忆力，还能够让自己在温暖、愉快的心情中入睡，也是一件非常美好的事情。

第三个是"冥想"。

冥想，可能听上去比较深奥难懂，但其实是一种非常简单易行的情绪调节方法。它源于古老的东方，主要是通过控制我们的想法，制止大脑对外部世界的想法，而让思绪回归到我们自己，来促使我们平静下来、放松身体，从而使我们变得更加幸福和安详。其实冥想在我们身边并不罕见，比如在中国非常流行的太极拳，就是一种运动式的冥想，在一起一落的"架势"中，我们的呼吸是非常均匀、心情是非常平静的，而我们的注意力几乎全部集中于我们的一招一式上，缓慢而准确地运动。这时候我们所处的状态，其实和冥想的状态是一样的。在西方比较流行的瑜伽，也是非常关注我们的呼吸，每一个动作都需要呼吸的配合，因此它也叫作冥想的运动。冥想能够帮助我们提高认知能力、改善情绪状态、改善人际关系、抑制慢性病和慢性疼痛，并且能增强我们的免疫力。可见，冥想对于老年人是非常有好处的。其实，关于冥想的研究和理论还有很多，但是我们老年人并不需要对它有过多、过深的理解，而是要从实践中去体会冥想带给我们的感受和益处。下面我就来简单介绍一下冥想的练习方法。

冥想最基本的练习就是"观呼吸"，它也是非常重要的练习，可以让我们把脑子里所有烦乱的事情都排空，这样精神和身体才能彻底放松下来。我们可以在家中找一个舒适的地方，可以是客厅的沙发，也可以是床上。也就是说我们在练习"观呼吸"的时候，可以是坐着也可以是躺着，只要选择自己最舒服、最放松的状态就好了。

然后，让我们闭上眼睛，将自己的注意力集中到自己的呼吸上。其实呼吸虽然是最基本、最重要的事情，但它确实是我们日常生活中最容易忽视的事情。其实，我们在一开始的练习中，只要集中注意力在自己的呼吸上就够了。这虽然听起来简单，但是很多人会发现没过一会儿，自己的思绪就又去想我们生活当中的琐碎事了。所以这虽然是最基础的一步练习，却也是最不容易的。

当我们把注意力集中到呼吸上时，就可以跟随一些指导语来更好地感受自己的呼吸了。这里我给大家介绍一段最基本、最简单的指导语：

吸气，我知道我在吸气；呼气，我知道我在呼气；吸，呼；吸气，气息变深了；呼气，气息变慢了；深，慢；吸气，我对自己微笑；呼气，我释放身体里的紧张和压力；微笑，释放；吸气，我感觉安稳；呼气，我感觉自在；安稳，自在；吸气，我感觉喜悦；呼气，我感觉自在；喜悦，自在。

　　以上就是一个简单的呼吸引导语。大家在练习"观呼吸"的时候，可以把上面的指导语通过手机录下来，然后在自己闭眼练习呼吸的时候，放给自己听，引导自己的思维进行呼吸练习。如果没有录音设备，或者是自己不方便手机操作的，也完全可以不需要引导。只要安静地坐下来，关注自己的呼吸，"吸，呼；吸，呼"就够了，这样就能够达到很好的平静思绪和放松身心的效果，最重要的是能让大脑放空，只专注于呼吸。一开始的时候可能很难完全静下来，即使关注自己的呼吸，脑子里也会不断地像演电影一样出现各种生活的画面，这是非常正常的现象。不要着急，从 1 分钟开始，到 2 分钟，再逐渐加到 10 分钟，甚至是半个小时。只要经常练习，就能够让自己的情绪和身体随时平复和安静下来。我们推荐老人在早起后或者晚上睡前进行这项练习。如果你觉得非常舒服，甚至在练习中睡着了也没关系，只要好好享受整个放松的状态就好了，慢慢地你就会发觉自己越来越能够掌控自己的情绪，自己的状态也会因此变得越来越平和。

以上就是我介绍的最基本也是最重要的"观呼吸"冥想练习。类似的放松训练非常多，如果感兴趣的话，老人可以通过网络查到各种相关的内容。如果您不知道如何操作手机查询资料，那么这正是一个好机会，不妨走出家门，找到身边的年轻人或是社区活动中心的工作人员，或与自己同龄的"手机达人"，向他们请教，并邀请他们共同练习。冥想练习在掌握情绪调节技巧的同时，也给了我们更多与别人接触和交流的机会。相信配偶甚至是朋友之间的结伴练习的效果一定会更好！

（二）"战术"上重视——谈认知

我们都知道，虽然良好的心态能够使我们更加不容易生病，生活得更加幸福和长久，但是它并不是"万灵丹"，疾病绝不会因为我们的"想法"而消失。而我们也不会因为"想开了"，就完全不生病了。所以，即使我们具备了良好的心态，很多时候我们仍要面对疾病带来的考验，而这种考验是心理和生理的双重考验。那么到底要如何做，才能调整好自己对于衰老和疾病的态度呢？

我们既不能盲目乐观，也不能惴惴不安，而是要做到"心中有底"，借用孙子兵法当中的一句话，就是"知己知彼，百战百胜"，也就是当我们对敌我双方的情况都了如指掌时，打起仗来自然就可以立于不败之地。而我们这场战役中的"敌方"就是疾病。

正常衰老时的生理和心理特点以及变化，相信很多人都有一定的心理准备，这是我们每个人生命历程中都需要经历的过程，虽然在不同的人身上表现得不太一致，但是大家殊途同归，最终的结果是相似的。视力减退、听力减弱、记忆力下降、体力下降等，衰老所带来的改变是缓慢发生的，因此并不会让我们突然产生太大的心理落差，调节起来也自然容易一些。但是疾病，会以我们想象不到的方式突然出现，影响我们的正常生活甚至是寿命。这个时候，仅仅通过心态调节来乐观看待疾病带给我们的改变，恐怕还不太够。因为很多老年期出现的小问题最终可能导致严重的后果，而一些小症状也可能是一些大病的预警信号，"盲目乐观"的心态在这个时候不但不会帮助我们，反而容易让我们"轻敌"，最终酿成大祸。因此，我们在保有乐观平和的心态的同时，也要充分了解我们的"敌人"。焦虑和恐惧都来自未知，只有了解自身所得疾病的实质和内涵，提高自己对于疾病的掌控感，我们才能够拥有战胜疾病的信心和勇气，我们对疾病的焦虑才会真正缓解。盲目乐观，忽视和回避疾病本身，并不是真正的"想得开"，而是"自欺欺人"。

有些老年人会说：我们又不是医生，疾病的事情不归我们管啊？而且我们也不懂，想管也管不了啊？的确，对抗疾病、研究疗法这种事儿是医生和科研工作者的任务。但是你知道吗？在世界卫生组织明确的对我们健康和寿命的影响因素中，卫生服务因素仅占8%，而我们自身的行为与生活方式因素占到60%。由此不难看出，我们在自己的健康和疾病治疗上负有主要和重要的责任。也许我们并不知道高血压的病因是什么，我们也不知道冠心病的病理表现是什么，我们更不知道诱发癌症的基因表型是什么，但是我们都知道"糖尿病人不能吃甜食，还要控制主食；心脏病人不可以做太剧烈的运动，在气温变化剧烈的时候要多加注意保暖，适当增减衣物；有肺病的人不能吸烟，尤其是到了冬天更要注意不能感冒；有肝病的人不能喝太多酒，更不能经常性熬夜；很多有肾病的病人不能吃肉，不能剧烈运动等"。这些都是我们能够知道的对抗疾病的"法宝"，这些内容甚至比降糖药、降压药效果更好，以至于没有了它们，药物也无法达到预期的效果。因此我们要足够重视我们自身在治疗疾病、管理疾病方面发挥的重要作用，可以说我们是自己健康的第一监护人，是自己的 24 小时家庭医生，也是自我健康的第一受益人。我们对疾病的坦然与底气绝不来自五花八门的药片，而是来自我们自我健康的把控和管理。

我们要意识到，解决老年身体健康问题是解决老年心理问题的基础。我们也许不能治愈疾病，但是我们能够在最大程度上掌握关于疾病的认识和处理方式，并以此来指导自己的日常生活与行为，提高我们对于自身健康的掌控感，做到"心里有底"，遇"病"不慌。也只有这样我们才能够真正拥有发自心底的坦然、平和，并且积极地面对衰老和疾病带给我们的挑战。

图书在版编目(CIP)数据

老去并不可怕／伍小兰,李晶著.—桂林:广西师范大学出版社,2022.10

(50岁开始的"你好人生")

ISBN 978 - 7 - 5598 - 5457 - 5

Ⅰ.①老…　Ⅱ.①伍…②李…　Ⅲ.①老年人-心理健康　Ⅳ.①B844.4

中国版本图书馆 CIP 数据核字(2022)第 185672 号

老去并不可怕
LAOQU BINGBU KEPA

出 品 人:刘广汉
组　　稿:马占顺
责任编辑:刘　玮
助理编辑:钟雨晴
装帧设计:弓天娇　李婷婷

广西师范大学出版社出版发行

(广西桂林市五里店路9号　　邮政编码:541004)
(网址:http://www.bbtpress.com)

出版人:黄轩庄

全国新华书店经销

销售热线:021 - 65200318　021 - 31260822 - 898

山东韵杰文化科技有限公司印刷

(山东省淄博市桓台县桓台大道西首　邮政编码:256401)

开本:720 mm × 1 000 mm　　1/16

印张:9.5　　　　　　　　字数:71 千字

2022 年 10 月第 1 版　　2022 年 10 月第 1 次印刷

定价:39.00 元